METODOLOGIA DE AVALIAÇÃO DE PROJETOS SOCIAIS

Dados Internacionais de Catalogação na Publicação (CIP)
(Câmara Brasileira do Livro, SP, Brasil)

Metodologia de avaliação de projetos sociais / Simone de Castro Tavares Coelho (coord.). – São Paulo : Cortez, 2016.

Vários autores.

ISBN 978-85-249-2432-3

1. Ação social - Brasil 2. Brasil - Política social 3. Projetos sociais 4. Projetos sociais - Estudos de caso I. Coelho, Simone de Castro Tavares.

16-01275 CDD-361.6109891

Índices para catálogo sistemático:

1. Brasil : Projetos sociais : Avaliação : Ação-social : Bem-estar social 361.6109891

Simone de Castro Tavares Coelho
(Coord.)

METODOLOGIA DE AVALIAÇÃO DE PROJETOS SOCIAIS

CORTEZ EDITORA

METODOLOGIA DE AVALIAÇÃO DE PROJETOS SOCIAIS
Simone de Castro Tavares Coelho (Coord.)

Capa: de Sign Arte Visual
Pesquisa, entrevistas, redação: Mariana Tavares
Preparação: Ana Paula Luccisano
Revisão: Maria de Lourdes De Almeida
Composição: Linea Editora Ltda.
Coordenação editorial: Danilo A. Q. Morales

Direitos para esta edição
CORTEZ EDITORA
Rua Monte Alegre, 1074 – Perdizes
05014-001 – São Paulo – SP
Tel. (11) 3864 0111 Fax: (11) 3864 4290
e-mail: cortez@cortezeditora.com.br
www.cortezeditora.com.br

Impresso no Brasil – maio de 2016

AGRADECIMENTOS

O texto que se segue foi realizado a partir da experiência e das reflexões de um grupo grande de profissionais, que atuaram e construíram juntos uma metodologia de avaliação de projetos sociais.

Especialmente para este texto contribuíram: Cintia Filpo, Daniel Hammoud, Gabriel Ligabue, Ghisleine Trigo, Gláucia Novaes, Janete Bernardo, Laís da Costa Manso, Mary Ann Castanho Rondas, Mônica Maluf e Victor Barreto.

Além desses, muitos outros profissionais têm contribuído de diferentes formas com o Ideca, ao longo de todos esses anos. A eles, nossos agradecimentos.

SUMÁRIO

APRESENTAÇÃO

O Instituto de Desenvolvimento Educacional, Cultural e de Ação Comunitária (Ideca) é uma associação civil sem fins lucrativos, fundado em 1998, em São Paulo. Sua missão é contribuir para o aprimoramento das ações sociais desenvolvidas por organizações do terceiro setor e instituições públicas e privadas, partindo da crença de que a participação da sociedade civil organizada é fundamental para a consolidação da democracia brasileira.

Para cumprir sua missão, o Ideca dedica-se a diferentes linhas de trabalho. Entre elas, está a avaliação de projetos sociais, na qual o instituto se especializou ao longo de seus 17 anos ("projeto" entendido nesta publicação como um termo que engloba qualquer ação, programa, política social ou projeto a ser avaliado). Com uma inteligência construída a partir da experiência com mais de 65 iniciativas em áreas temáticas diversas, o Ideca consolidou uma metodologia própria em avaliação de ações sociais.

O objetivo deste livro é apresentar e discutir essa metodologia em profundidade, abordando desde seu processo de construção até os pressupostos teóricos e procedimentos práticos que a guiam. Nosso desejo é que a reflexão aqui estabelecida seja útil às demais instituições que compõem o terceiro setor brasileiro, sejam elas organizações sem fins lucrativos, investidores sociais ou empreendedores individuais que compartilham dos desafios e especificidades da área social.

Acreditamos ainda que o conteúdo abordado é de grande valia também para o setor público, uma vez que a avaliação de ações sociais é fundamental para a construção de políticas públicas eficazes, eficientes, efetivas e sustentáveis no longo prazo. Nesse sentido, vale ressaltar que muitas das iniciativas avaliadas acontecem em parceria entre a sociedade civil organizada e os órgãos governamentais, tornando-se políticas públicas — reflexo, acima de tudo, do crescente diálogo entre os primeiro e terceiro setores no enfrentamento dos desafios na área social. Não há dúvidas de que os resultados avaliativos são fundamentais para guiar o uso dos recursos públicos.

DOS ANOS 1990 ÀS LIÇÕES APRENDIDAS

O primeiro capítulo deste livro se dedica a retomar a fundação do Ideca, tendo como pano de fundo o fim dos anos 1990 sob a perspectiva do terceiro setor nacional. Estabelecemos uma breve retomada histórica das relações entre Estado e sociedade civil organizada, sem nenhuma intenção de esgotar o tema. Em diálogo com tal panorama, são discutidas as motivações para a criação do instituto, as razões para sua natureza jurídica e linhas de atuação, os marcos de sua trajetória e seu momento atual.

No segundo capítulo, o foco é a metodologia em avaliação de projetos sociais desenvolvida pelo Ideca. Partindo dos conceitos básicos em avaliação — potencialidades e limites, as funções que lhe cabe exercer, os tipos possíveis —, são apresentadas as diretrizes e as bases teóricas que balizam a atuação do instituto. A seguir, apresentamos o passo-a-passo trilhado pelo Ideca em todos os seus processos avaliativos, desde a definição do desenho e da metodologia da avaliação até a apresentação dos resultados.

Quando e como construir um índice de evolução de desempenho ou um sistema de monitoramento eletrônico? Como dar conta de avaliar a subjetividade de um projeto em arte contemporânea?

Partindo da metodologia geral, o terceiro capítulo traz cinco estudos de caso que demonstram, na prática, a versatilidade das estratégias metodológicas em avaliação. Foram selecionados dois projetos em educação — um voltado para a melhoria do ensino público e outro com foco na aceleração da aprendizagem —, os demais em esporte, habitação e cultura, cada qual com especificidades tais que levaram o Ideca a construir caminhos criativos e eficientes para cumprir os objetivos da avaliação.

Por fim, na conclusão, retomamos as principais aprendizagens do Ideca em relação à sua metodologia. Aqui, nos dedicamos a reflexões gerais a respeito dos avanços vividos pelo campo da avaliação de projetos sociais nos últimos anos, bem como aos desafios que permanecem e especulações sobre as direções a serem trilhadas.

APRENDER COM AS BOAS PRÁTICAS

Ao compartilhar a *expertise* construída por seus profissionais, o Ideca tem duas motivações principais. Por um lado, reforçar a importância da avaliação para ações sociais adequadas e efetivas. Por outro, aproximar esse universo avaliativo da realidade das diferentes instituições engajadas na construção e na implementação de tais ações. Colaboramos, assim, para uma bibliografia nacional sobre o tema, que, ainda que tenha evoluído desde a década de 1990, segue escassa.

É importante esclarecer que não há aqui a pretensão de apresentar uma metodologia definitiva, uma vez que o campo avaliativo é amplo o suficiente para acolher uma grande diversidade de práticas — característica que lhe torna extremamente rico e estimulante. Nossa intenção é oferecer um ponto de vista possível a respeito da avaliação, com base em diretrizes e experiências práticas devidamente testadas e consolidadas.

Com o objetivo de tornar este livro mais amigável para os diversos públicos interessados, houve um esforço consciente de evitar jargões e simplificar modelos estatísticos, citados apenas para apresentar os recursos dos quais o Ideca lança mão em seu trabalho. Não há o propósito de fornecer um olhar estritamente acadêmico, mas uma introdução qualificada à área avaliativa. Para dar mais ferramentas ao leitor, construímos um conjunto de referências bibliográficas, disponível no fim da publicação.

Esperamos, assim, contribuir para que a avaliação de projetos sociais ganhe o espaço e a atenção que lhe são devidos. Acima de tudo, nosso compromisso é com a qualidade das ações sociais e, consequentemente, com o fortalecimento da sociedade civil organizada do país, sem a qual as tarefas de consolidação da democracia e de enfrentamento dos desafios sociais perdem em consistência, criatividade e inovação.

Boa leitura,

Simone Coelho

Diretora-presidente do Ideca

CAPÍTULO 1

Uma ideia em seu tempo: o Ideca e a avaliação de projetos sociais

A década de 1990 foi de particular efervescência para a sociedade civil organizada do Brasil. Com o fim da ditadura militar, em 1985, o país dedicava-se à redemocratização. Partidos políticos e sindicatos, de volta à legalidade, já não possuíam o monopólio da representação dos cidadãos. Em um momento de crescente militância social e política, novas formas de mobilização ganhavam espaço e papel cada vez mais ativo, inclusive na interlocução com o Estado. Em especial, instituições à época ainda pouco compreendidas: as organizações do terceiro setor.

É nesse cenário que, em 1998, o Instituto de Desenvolvimento Educacional, Cultural e de Ação Comunitária (Ideca) foi fundado, em São Paulo. A iniciativa é fruto da união de profissionais interessados em dedicar sua *expertise* ao enfrentamento dos problemas que afetam o Brasil, conscientes da importância da participação da sociedade civil organizada nesta tarefa. Como estratégia principal, mas não exclusiva, está a avaliação de projetos sociais.

Nessa área, ao longo de seus 17 anos de existência, o Ideca desenvolveu e consolidou uma metodologia própria, objeto de discussão detalhada no próximo capítulo. Antes, porém, uma questão se impõe: compreender por que, em um momento histórico no qual nem as próprias organizações sem fins lucrativos identificavam-se como parte de um mesmo setor, um instituto foi criado para refletir sobre a qualidade e pertinência de suas ações.

UMA HISTÓRIA DE COOPERAÇÃO E CONFLITO

A atuação de organizações voluntárias no cenário social do país não é fenômeno recente. Basta um olhar cuidadoso ao longo da história para verificar sua presença constante e ativa, ainda que marcada por importantes transformações tanto em seu perfil quanto na relação estabelecida com o Estado.

Até o fim do século XIX, a Igreja católica era a principal responsável pela criação de associações de assistência social, saúde e educação, que atuavam com a chancela do Estado. Durante o governo Getúlio Vargas (1930-45 e 1951-54), viu-se a estatização da ação social, com a caridade cristã servindo de base para as políticas públicas. Ao mesmo tempo, proliferaram as organizações voltadas ao atendimento das populações excluídas de tais políticas. O estreitamento dessa relação tem reflexos na legislação, como a Lei de Utilidade Pública Federal, promulgada em 1935.

Com a ditadura militar, em 1964, a interlocução entre o Estado e as organizações sofreu mudanças. Assim como em outros países submetidos a governos autoritários, na América Latina, África e Ásia, começam a surgir no Brasil organizações autônomas e politizadas, com um discurso baseado não mais na ideia de caridade, mas de cidadania e defesa da democracia. Sua relação com o Estado, antes fundamentada na cooperação, passa a ser pautada pelo conflito.

Nas décadas de 1970 e 1980, uma conjuntura mundial marcada por desafios econômicos e políticos — como a crise do petróleo e a recessão econômica — coloca em xeque o papel do Estado na promoção do desenvolvimento. Com a falência do modelo do *Welfare State*, ficam cada vez mais claras as limitações do poder público em responder sozinho pelas demandas da população, especialmente na área social.

Tanto para conservadores quanto para progressistas, a descentralização e a terceirização aparecem como caminhos possíveis à redução da presença estatal. Para os primeiros, a solução estaria no mercado; para os últimos, o caminho seria a construção de alternativas locais com a participação da sociedade.

Nesse cenário, organizações cada vez mais distantes do Estado e próximas dos novos movimentos sociais ganham fôlego, especialmente no hemisfério Sul. Do Norte, fundações e agências independentes oferecem apoio técnico e financeiro, instituições denominadas pelas Nações Unidas de "organização não governamental" (ONG) — expressão hoje largamente adotada para representar todo o universo de instituições sem fins lucrativos. No Brasil, essa cooperação internacional mostrou-se determinante para o florescimento do terceiro setor.

Participação ativa

A redemocratização, em 1985, exige das organizações um ajuste de rumos. Uma vez que já não há um regime autoritário a ser combatido, o foco de ação passa a ser o enfrentamento da exclusão social. Com a Constituição Federal de 1988, a participação popular na vida pública ganha força de lei. Resultado de um amplo processo de mobilização de movimentos sociais e sindicatos, a chamada "Constituição cidadã" adota três tipos de democracia — direta (plebiscitos e referendos), representativa (eleições legislativas e executivas) e participativa (conselhos).

É nesse contexto favorável ao crescimento da sociedade civil organizada e ao retorno de uma relação de diálogo com o Estado que chegamos, assim, à década de 1990. Em 1991, é fundada a Associação

Brasileira de ONGs (Abong). No ano seguinte, no Rio de Janeiro, a Conferência das Nações Unidas sobre o Meio Ambiente e o Desenvolvimento — a ECO-92 — alça as organizações não governamentais ao *status* de ator com voz na agenda internacional de debates.

Em 1995, com a eleição presidencial de Fernando Henrique Cardoso (FHC), vê-se o estabelecimento de uma nova dinâmica entre Estado e sociedade civil. O Plano Real — instituído no ano anterior pelo governo Itamar Franco, do qual FHC era ministro da Fazenda — reduziu e estabilizou a inflação, ao mesmo tempo que foram empregadas políticas de corte dos gastos públicos na área social. Em seus dois mandatos (1995-98 e 1999-2002), FHC acentuou a adoção de medidas focadas em tornar o Estado mais enxuto.

Coube ao programa Comunidade Solidária, criado em 1995, atuar como canal de cooperação entre os órgãos governamentais e as organizações sem fins lucrativos. Coordenado por Ruth Cardoso, antropóloga e então primeira-dama, o programa tinha como objetivo estimular as parcerias entre os dois atores na execução de políticas públicas, principalmente na área social.

Diante do estreitamento de tal interlocução, mostrou-se urgente a criação de figuras jurídicas adequadas para regular as parcerias intersetoriais. Em 1998, são estabelecidas as Organizações Sociais (OSs), responsáveis pela gestão de instituições públicas em saúde e cultura. No ano seguinte, institui-se a titulação da Organização da Sociedade Civil de Interesse Público (Oscip), que cria um novo instrumento de acordo — o termo de parceria — e permite a remuneração dos dirigentes das organizações sem fins lucrativos.

Nasce um setor

Com o crescente acesso a recursos financeiros e participação nas políticas sociais, não surpreende a fertilidade das organizações da sociedade civil organizada na década de 1990. Segundo a pesquisa

"As fundações privadas e associações sem fins lucrativos no Brasil",[1] 31% das 290,7 mil organizações em atividade em 2010 foram criadas no período de 1991 a 2000, o que representa um universo de cerca de 90 mil entidades. Muitas delas decorreram de movimentos sociais, estimulados a institucionalizar-se para dar continuidade às suas ações em longo prazo e atender aos requisitos para as parcerias com o Estado e outros investidores sociais.

Ganha força no vocabulário brasileiro o conceito de "terceiro setor", que situa as organizações sem fins lucrativos em relação a um primeiro setor — o Estado — e um segundo — o mercado. Ao contrário destes, porém, o setor social é marcado pela heterogeneidade, em meio à qual é possível identificar os contornos de dois blocos principais. De um lado, organizações tradicionais e assistencialistas, cujas ações, baseadas na boa vontade, reproduzem modelos que mantêm a exclusão social. De outro, organizações modernas, voltadas à promoção da cidadania por meio de ações locais que buscam a inclusão. Não é de se espantar que as entidades não se reconheçam como parte de um mesmo coletivo.

Um caso emblemático dessa ausência de identidade de grupo foi vivido, em 1994, por Simone Coelho, fundadora e diretora-presidente do Ideca. Na ocasião, a Secretaria Estadual de Educação de São Paulo havia recebido recursos do Banco Mundial para investimentos na área de educação infantil. Como parte do contrato, esperava-se que a Secretaria destinasse uma porcentagem da verba a parcerias com organizações não governamentais dedicadas ao tema, atuantes na região metropolitana de São Paulo. A equipe do órgão público viu-se diante de um desafio: como identificar essas ONGs?

A tarefa coube à Cooperativa Técnico-educacional (CTE), da qual Simone fazia parte da diretoria, em conjunto com o Centro Brasileiro

---

1. Conhecida como Fasfil, a pesquisa resulta da parceria entre a Abong, o Grupo de Institutos, Fundações e Empresas (Gife), o Instituto de Pesquisa Econômica Aplicada (Ipea), o Instituto Brasileiro de Geografia e Estatística (IBGE) e a Secretaria-Geral da Presidência da República. Até o momento, foram publicadas três edições: 2002, 2005 e 2010. Os documentos estão disponíveis em <www.ibge.gov.br>.

de Análise e Planejamento (Cebrap). Uma vez feito, sob sua coordenação e de Ruth Cardoso (então no Cebrap), um levantamento inicial das organizações com o perfil adequado — a partir de dados descentralizados entre as diversas secretarias estaduais —, decidiu-se pela realização de um seminário para que as entidades pudessem conhecer como se daria o convênio e, caso interessadas, participassem da pesquisa.

Por carta, foram convidadas 438 organizações. Às vésperas do seminário, diante do baixo índice de confirmação de presença das instituições, a equipe do CTE dedicou-se a telefonar para reforçar o convite. O motivo da adesão restrita fez-se então conhecer, como explica Simone Coelho:

> Na carta, nós utilizávamos a terminologia "organização não governamental" (ONG), que já havia sido empregada pela ECO-92. Qual foi nossa surpresa ao perceber que as organizações não se reconheciam como tal! Por isso não haviam confirmado participação no evento: não entenderam que dizia respeito a elas. Isso mostra o quanto ainda era absolutamente incipiente o processo de criação de identidade do terceiro setor.

O evento ocorreu com a presença de 120 organizações, público marcado principalmente pela diversidade de perfis: "Da associação religiosa mais tradicional à ONG mais moderna", relembra Simone. Enquanto as primeiras reivindicavam recursos para os "seus pobres", as últimas exigiam espaço para os "seus cidadãos".

Parceria exige transparência

Tornar-se um ator relevante perante o Estado traz também exigências. À organização sem fins lucrativos são repassados recursos públicos para a execução de ações que atendam não aos interesses de seus associados ou instituidores, mas ao conjunto da população.

Natural, portanto, que o Estado mantenha um olhar atento ao bom uso de tais recursos e aos resultados das organizações, por meio do estabelecimento de mecanismos de transparência e controle.

Não era apenas dos órgãos governamentais que partia a demanda por prestação de contas. Nos anos 1990, a atuação sistemática das empresas privadas na área social começa a ganhar corpo, por meio dos conceitos de investimento social privado e responsabilidade social empresarial. Associadas a tais ideias estão duas organizações: respectivamente, o Grupo de Institutos, Fundações e Empresas (Gife), fundado em 1995, e o Instituto Ethos, em 1998, ambos em São Paulo. Tanto na realização de projetos próprios quanto na articulação com ONGs, as empresas trazem para o setor social uma arraigada cultura de mensuração de resultados e maximização dos investimentos.

Dessa forma, no fim da década de 1990, a necessidade de mecanismos de controle e avaliação das ações sociais coloca-se como ponto de atenção. As organizações reagem de maneira ambígua: reconhecem a necessidade e legitimidade de tal prestação de contas, mas temem, por um lado, um inchaço em sua estrutura para atender às exigências de financiadores e, por outro, as consequências de tornar públicas suas deficiências. Não se trata de dizer que, até então, as entidades não refletiam sobre os resultados de suas ações, mas de chamar atenção para a falta de uma prática avaliativa sistemática, baseada em critérios objetivos e aberta ao acompanhamento dos públicos interessados.

O IDECA – INSTITUTO DE DESENVOLVIMENTO EDUCACIONAL, CULTURAL E DE AÇÃO COMUNITÁRIA

A experiência com a citada pesquisa para a Secretaria Estadual de Educação de São Paulo, em 1994, acabou por tornar-se fonte de inspiração para Simone Coelho. A socióloga viu na falta de identidade do terceiro setor e no total desconhecimento do Estado a respeito dessas organizações uma oportunidade de investigação acadêmica. À época, as universidades começavam a dedicar-se ao tema, por meio da fundação de espaços como o Centro de Estudos do Terceiro Setor (Cets), da Fundação Getúlio Vargas (FGV), em 1994, e, quatro anos depois, o Centro de Empreendedorismo Social e Administração em Terceiro Setor (Ceats), da Universidade de São Paulo (USP).

Em sua tese de doutorado, defendida em 1998, Simone produziu um estudo comparativo entre o terceiro setor brasileiro e o norte-americano, a partir da observação de organizações atuantes na área de educação infantil em ambos os países.[2] Ao observar as similaridades e as diferenças entre os dois contextos, chamou sua atenção a importância concedida nos Estados Unidos à avaliação de projetos sociais.

Nos dois países, o foco dos mecanismos de controle e avaliação era a fiscalização orçamentário-financeira das verbas repassadas para as entidades, e não a qualidade das ações realizadas. Lá, porém, tais mecanismos eram parte regular dos convênios, com ênfase principalmente na avaliação externa, feita por instituições independentes. Relembra Simone Coelho:

> Eu visitei diversas organizações que eram especializadas em fazer avaliação de projetos sociais. Elas atuavam como uma espécie de auditoria técnica, porque concediam um selo para a entidade avaliada, e esse selo era considerado pelo governo. Se uma ONG tivesse a certificação, a parceria com o Estado era facilitada.

Tais organizações dedicavam-se à tarefa avaliativa com um olhar crítico e isento, a partir de critérios claros de análise. No cenário brasileiro, não se via nada parecido — natural para um setor ainda em consolidação. Sem uma definição efetiva de sua identidade, objetivos e formas de atuação, como explicar os componentes que definem a eficiência de uma ação social e permitem avaliá-la?

---

2. A tese de doutorado foi publicada em livro sob o título *Terceiro setor*: um estudo comparado entre Brasil e Estados Unidos. São Paulo: Senac, 2000.

Poderia não haver um solo firme, mas havia um grande potencial:

> A linha de atuação dessas organizações norte-americanas mostrava um caminho muito interessante. No Brasil, vivíamos o crescimento das parcerias intersetoriais, e com esse estreitamento de relações torna-se cada vez mais importante auxiliar as instituições da sociedade civil organizada a traçar um bom caminho para a sua ação social e refletir sobre seus processos e resultados. Vimos ali um espaço que não estava sendo ocupado. — Simone Coelho

Visando preencher esse vazio, têm-se as bases para a fundação do Ideca, em 29 de julho de 1998.

É preciso ser ONG

Em torno da tarefa de criar uma nova instituição, reuniu-se um grupo de oito profissionais — Akiko Oyafuso, Carmen Vitória Annunziato, Eny Maia, Mary Ann Rondas, Midori Sano, Mônica Maluf, Simone Coelho e Vera Maria Vedovello —, com vasta experiência no primeiro e segundo setores, principalmente na área educacional. Em comum, a crença na importância da sociedade civil organizada para o desenvolvimento do país. Diante desse princípio e da decisão de não obter lucro por meio do assessoramento às organizações, decidiu-se que o formato mais adequado para o Ideca seria a associação civil sem fins lucrativos. Assim, o próprio instituto passava a ser parte do setor que pretende fortalecer.

Para Mary Ann Rondas, membro do grupo fundador, o fato de a maioria dos profissionais ter uma longa trajetória na área pública dava condições para que a equipe conhecesse de perto as parcerias entre Estado e terceiro setor, bem como a forma de atuação deste último:

> O conhecimento obtido durante anos de trabalho na área pública nos permitiu a identificação das necessidades específicas de atuação das ONGs, tanto no desenvolvimento de suas atividades-fim como em sua

gestão. Assim, nosso objetivo era, por meio do Ideca, colocar essa bagagem a serviço das novas organizações do terceiro setor e também da administração pública.

Partindo de inspirações do cenário internacional, o grupo engajou-se na construção de um formato próprio de trabalho. Em consonância com a ideia de parceria e cooperação intersetorial que está na base do instituto, um primeiro aspecto, logo de início, mostrou-se primordial: agregar em torno do Ideca profissionais das mais diversas áreas. Ainda hoje, essa é uma de suas características centrais, como explica Mônica Maluf, também fundadora:

> Com o formato de ONG, que é mais aberto e flexível, o Ideca poderia agregar pessoas que tinham interesse em trabalhos afins e que se complementariam, como de fato aconteceu. Há em torno do instituto um grupo grande de profissionais com formações e experiências diferentes, mobilizados de acordo com os projetos.

O perfil diversificado de seus consultores permite ao Ideca ser abrangente em relação à temática das iniciativas a serem assessoradas. Da mesma forma, torna viável que o instituto aposte em diferentes estratégias de atuação, que não só a avaliação de projetos. São esses os fundamentos para a definição tanto do nome do instituto quanto de sua missão: *contribuir para o aprimoramento das ações sociais desenvolvidas por organizações do terceiro setor e instituições públicas e privadas.* "Dessa forma, tornamos o escopo do Ideca amplo o suficiente para abarcar qualquer tipo de intervenção social", esclarece Simone Coelho.

Caminhos possíveis

As maneiras de oferecer apoio a uma ação social são as mais diversas. Coube ao grupo fundador definir em quais delas se investiria. Essas linhas de atuação seguem presentes no trabalho do Ideca, ainda que naturalmente amadurecidas e refinadas em sua metodologia, resultado da experiência acumulada pelo instituto. São elas:

- elaboração e implantação de projetos sociais, tanto para organizações sem fins lucrativos quanto para a área de investimento social privado de empresas. Ainda que não haja restrição de área temática, são focos principais os projetos em educação, cultura, esporte e desenvolvimento comunitário;
- avaliação de resultados e impactos de projetos sociais realizados por organizações públicas, privadas e do terceiro setor, verificando sua eficiência e efetividade;
- desenvolvimento de estudos e pesquisas que investigam temáticas de interesse público, como o acompanhamento e avaliação de políticas públicas e projetos sociais, visando contribuir para o seu aprimoramento;
- capacitação de recursos humanos, por meio de cursos, seminários, palestras e *workshops* para dirigentes e equipe técnica de organizações dos três setores;
- divulgação de informações que atualizem as instituições a respeito de questões técnicas, legais e político-administrativas em suas áreas temáticas, possibilitando o aperfeiçoamento de sua atuação;
- elaboração de materiais didáticos que apoiem os profissionais no desenvolvimento de atividades educacionais criativas e adequadas às suas condições de trabalho.

Ainda que o Ideca dedique igual atenção e esforços a todas essas estratégias, é inegável que seu carro-chefe é a avaliação de projetos sociais, principal inspiração para a fundação do instituto. O motivo é simples: demanda.

> Quando o Ideca foi construído, nós entendíamos que a avaliação era um caminho muito importante, mas também havia outros igualmente fundamentais, como ajudar a organização a elaborar um bom projeto

social. Isso guiou o desenho das nossas linhas de atuação. Mas a procura pela avaliação foi sempre muito grande, e por isso se tornou nossa principal linha de trabalho. — Simone Coelho

Para compreender as razões para tal, é necessário ter em mente dois aspectos centrais. O primeiro se refere a um contexto de crescente exigência por transparência e prestação de contas das organizações a respeito de suas ações sociais, conforme discutido anteriormente. O segundo é elucidado por Mary Ann Rondas:

> Além de grandes instituições, como a Fundação Carlos Chagas, existiam poucas organizações ou eram escassos os profissionais que se dedicavam às atividades de avaliação de projetos sociais. Isso acabou atraindo uma demanda para o Ideca.

É também nessa área que o instituto realiza sua própria ação social, por meio de avaliações *pro bono* para organizações sem fins lucrativos. Antes feita anualmente, nos últimos anos a iniciativa deixou de ter periodicidade fixa.

MARCOS: A CONSTRUÇÃO DE UMA METODOLOGIA

A responsabilidade de atender às organizações que buscam o apoio do Ideca deu ao instituto a rica oportunidade de formatar uma metodologia própria em suas linhas de trabalho, especialmente na avaliação de projetos sociais. Tal construção deu-se mesmo baseada na prática. Era escassa a bibliografia nacional sobre o tema, cabendo à equipe do instituto procurar referências em saberes próximos, como a avaliação de políticas públicas. Lançou-se mão também de técnicas de pesquisa acadêmica disponíveis nos campos da antropologia, sociologia e educação.

A trajetória profissional do Ideca começou de maneira tímida. Durante os dois anos iniciais, apenas parte da equipe fundadora dedicava-se exclusivamente a empreender o instituto, enquanto colegas mantinham encargos em outras organizações. O primeiro grande projeto veio com a avaliação do programa Parâmetros Curriculares Nacionais (PCNs) em Ação, do Ministério da Educação.

O programa tinha como objetivo capacitar coordenadores pedagógicos em todo território nacional, para que estes, por sua vez, transmitissem a formação aos professores no uso dos PCNs, material elaborado pelo governo federal como referência ao conteúdo curricular das escolas. Coube ao Ideca avaliar os resultados dessa estratégia de capacitação — ou seja, se seus efeitos estavam de fato sendo sentidos em sala de aula — e seus impactos institucionais e pedagógicos.

A avaliação ocorreu em todos os estados do país, o que representou um enorme desafio ao instituto recém-criado. Para a construção da metodologia avaliativa, a equipe dedicou-se ao estudo de referências, em especial os manuais e as publicações de organismos internacionais, como Unesco, Banco Mundial e Banco Interamericano de Desenvolvimento (BID). A pesquisa serviu como base para o desenho de um caminho próprio, como explica Mônica Maluf:

> Uma discussão metodológica importante aconteceu na avaliação do PCNs em Ação. Fizemos um levantamento de metodologias em diversas fontes, e a partir disso o Ideca moldou uma forma própria de conduzir as avaliações. Combinamos diferentes técnicas avaliativas; utilizamos estratégias quantitativas e qualitativas, como entrevistas em profundidade; e estabelecemos diversos cruzamentos para fazer a análise. Hoje, esse olhar holístico é bastante comum, mas naquele momento era inédito.

Com os PCNs em Ação, o Ideca adquiriu uma experiência sólida que lhe permitiu construir, a partir dali, propostas cada vez mais claras e objetivas de avaliação. Além disso, trouxe visibilidade ao instituto, em especial na área da educação. Foi a partir da avaliação institucional do Gife que o Ideca pôde ampliar seu espaço no terceiro setor, principalmente entre os institutos e fundações dedicados ao investimento social privado.

Realizada na sede do grupo, em São Paulo, a avaliação exigiu o desenho de estratégias metodológicas que dessem conta de refletir sobre o desenvolvimento da própria instituição, e não de um projeto específico — até então inédito para o Ideca. Com base nas conclusões da avaliação, foram sugeridas ações gerenciais e no relacionamento com os associados visando fortalecer o Gife.

O instituto seguiu monitorando a realização de tais mudanças, o que significou uma longa parceria entre as duas organizações. Essa interlocução foi fundamental ao apresentar o Ideca às instituições associadas do Gife, o que trouxe tanto novos trabalhos quanto lhe permitiu ver de perto como as fundações e institutos se estruturavam.

Do Oiapoque ao Chuí

As duas experiências relatadas foram emblemáticas pelos desafios metodológicos que representaram e por permitirem ao Ideca firmar-se na área de avaliação de projetos sociais. A estas se soma, ao longo de seus 17 anos, a avaliação de mais de 65 iniciativas de organizações dos três setores, em temas tão diversos quanto educação, esporte, cultura, saúde, informática, habitação, mobilização comunitária, geração de trabalho e renda, educação profissional, fortalecimento institucional e desenvolvimento sustentável. O Ideca já cobriu todo o território nacional, realizando pesquisas de campo presenciais de São Paulo (SP) a Xambioá (TO), de Catas Altas (MG) a Sobradinho (DF), de Ponta Grossa (PR) a Canaã dos Carajás (PA). Todas vivências fundamentais para a inteligência construída até aqui.

Ainda na área de avaliação, há outros dois destaques. O primeiro diz respeito à parceria estabelecida com a Fundação Padre Anchieta e a TV Cultura. Em 1998, o Ideca propôs a realização do programa televisivo "Caminhos e Parcerias", veiculado semanalmente pela emissora. Nele, eram apresentadas alternativas locais construídas pela sociedade civil organizada em resposta aos seus problemas sociais, em todo o país. Cabia ao instituto elaborar a pauta de cada episódio, selecionar iniciativas e acompanhar a equipe de produção a campo. O programa foi ao ar até 2002 e ganhou diversas premiações, como o Prêmio Ethos de Jornalismo, em 1999, e o Prêmio Vladimir Herzog, no ano seguinte.

O segundo destaque são as avaliações *pro bono*, como as realizadas para as organizações sem fins lucrativos Associação Vaga Lume e Instituto Sou da Paz, ambas em São Paulo. Em 2005, o Ideca avaliou os resultados do programa Expedição Vaga Lume, que visa fundar bibliotecas comunitárias na região da Amazônia Legal brasileira. Para tal, foi feita uma pesquisa de campo em seis comunidades de sua área de atuação, como Alter do Chão (PA) e São Gabriel da Cachoeira (AM). Além de ser a primeira ação social do Ideca, a experiência inaugurou um trabalho de formação de jovens consultores, ainda hoje mantido.

Já no caso do Instituto Sou da Paz, o projeto avaliado de maneira voluntária foi o Praças da Paz SulAmérica, focado na revitalização de espaços públicos em São Paulo. Para tal, o Ideca realizou, em 2008, um marco zero de três áreas da capital cujas praças receberiam intervenções do projeto. Quatro anos depois, o instituto voltou às comunidades para verificar em que medida estas haviam sido realmente afetadas pela ação social.

Outras formas de olhar

A trajetória do Ideca foi profícua também para a consolidação de suas outras linhas de trabalho. O instituto acumula vivências em capacitação de educadores e equipes técnicas, sistematização de experiências, assessoria técnica à gestão de institutos e fundações, elaboração de materiais e instrumentos diversos, organização de seminários internacionais, entre outras. Dessas vivências, Simone Coelho destaca a parceria com o Centro Ruth Cardoso, em 2011, na pesquisa "Juventude e mercado de trabalho: realidade e perspectivas", que deu origem a uma publicação de mesmo nome.[3]

O objetivo do estudo era investigar as práticas formativas, formas de inserção e diferentes perspectivas dos jovens em relação ao mundo do trabalho. Para tal, foi feita uma análise sobre a situação de pessoas de 16 a 24 anos no mercado de trabalho da região metropolitana de São Paulo, por meio da consulta a dados oficiais e da pesquisa de campo em 21 ONGs que oferecem formação profissional a esse público. Conclui Simone:

> Foi uma experiência muito interessante porque representou outra forma de refletir sobre os dados. Essa pesquisa nos permitiu retornar a uma análise mais acadêmica, partindo da construção de hipóteses investigativas de interpretação de uma realidade. Coube à pesquisa negá-las ou reafirmá-las.

A CONSOLIDAÇÃO DE UM MODO DE FAZER

Entre a fundação do Ideca, em 1998, e o momento atual, o cenário sociopolítico brasileiro viveu profundas transformações. As parcerias intersetoriais, cuja importância o instituto sempre advogou, mostraram-se uma aposta certeira. Ao longo dos anos, consolidou-se a participação da sociedade civil organizada em espaços de interlocução governamentais, como conselhos e audiências públicas. Nota-se uma evolução no entendimento do Estado a respeito do papel dessas instituições na democracia brasileira; no entanto, ainda é preciso avançar na garantia das condições para o exercício de tal papel, estabelecendo-

---

3. *Cadernos Ruth Cardoso*, São Paulo, Centro Ruth Cardoso, v. 2, n. 2, ago. 2011. Disponível em: <www.institutounibanco.org.br/wp-content/uploads/2013/07/juventude_e_o_mercado_de_trabalho.pdf>.

-se uma normatização mais adequada da relação entre os primeiro e terceiro setores, no formato de um marco legal.

É difícil determinar com exatidão o que essa parceria intersetorial significa em termos de recursos públicos, resultado do acesso restrito a dados sistematizados sobre o tema, especialmente nas esferas municipais e estaduais. Em termos federais, há pistas na pesquisa "As entidades sem fins lucrativos e as políticas públicas federais",[4] publicada pelo Ipea, em 2011. O estudo analisa as entidades e os convênios que receberam recursos para políticas financiadas pelo governo federal entre 2003 e 2011 ("convênio" entendido aqui como todos os instrumentos de cooperação até então existentes entre Estado e entidades: termos de parceria, contratos de repasse e convênios propriamente ditos).

Segundo o documento, coube às entidades sem fins lucrativos cerca de 15% do total das transferências voluntárias realizadas pela União por meio de convênios, o que corresponde a aproximadamente R$ 29 bilhões. No período, foram celebrados mais de 36 mil convênios pelo governo federal com cerca de dez mil entidades. Destes, 48% se referiam a parcerias na execução de políticas públicas, seguidas pelo financiamento a projetos das organizações (43%).

No que se refere à atuação do segundo setor na área social, há no Brasil um investimento social privado cada vez mais operador. Segundo dados do Censo Gife 2011-2012, 57% dos recursos investidos pelos 92 associados que responderam à questão são alocados em programas e ações sociais próprios, enquanto 26% financiam iniciativas de outras organizações e 15% pagam custos administrativos. Segundo dados recentes disponíveis no *site* do grupo,[5] atualmente, seus 130 associados investem, somados, cerca de R$ 2,4 bilhões por ano na área social.

---

4. Ver Lopez e Barone (2013).

5. Informação verificada em outubro de 2014.

Desconfiança pública

Isso não significa que a sociedade civil organizada navega em águas calmas. Nos últimos dez anos, a relação com o Estado contou com momentos de significativo recuo. No início do governo Lula, apostou-se na centralização das ações sociais nas mãos do poder público, com uma posterior abertura gradativa diante da impossibilidade de o Estado dar conta de uma tarefa de tal escala.

Outro destaque negativo no período foram as diversas denúncias de desvio de verbas públicas e corrupção por meio de ONGs, principalmente em 2007, quando foi instalada a chamada "CPI das ONGs", comissão parlamentar de inquérito dedicada a analisar o mau uso de recursos públicos por ONGs e Oscips (Organização da Sociedade Civil de Interesse Público); e em 2011, que levou ao afastamento da chefia de três ministérios (Turismo, Esporte e Trabalho) e à suspensão por 30 dias da transferência de recursos públicos às organizações.

Ao contrário do que pensa o senso comum, porém, a ocorrência de casos de corrupção não se deve à ausência de controle por parte do Estado. Atualmente, são diversos os cadastros e bancos de dados públicos que sistematizam informações sobre o setor, uma vez que cabe às entidades prestar contas a diferentes órgãos, como Receita Federal, ministérios e prefeituras. No entanto, o que se percebe é uma fiscalização governamental voltada principalmente — quando não de forma exclusiva — ao controle orçamentário das iniciativas, sem verificar a qualidade dos serviços prestados.

Espera-se que a aprovação do novo marco regulatório para as organizações da sociedade civil, em julho de 2014, contribua nesse cenário. Entre outras determinações, a lei padroniza nacionalmente os procedimentos de repasse de recursos públicos para as entidades e substitui o convênio por dois tipos de contrato: termo de colaboração e termo de fomento. No que se refere à prestação de contas, esta passa a ser diferenciada de acordo com o volume de recursos repassados, estimulando mais atenção do gestor público ao controle dos resultados alcançados — mais uma aposta certa do Ideca quando de sua fundação.

Espaço conquistado

Em meio a essas mudanças de dinâmica entre os setores público, privado e social, o Ideca seguiu realizando trabalhos e aprimorando suas estratégias metodológicas. A solidez do instituto é um índice claro de que o Estado, as ONGs e o investimento social privado do país evoluíram na percepção sobre a importância de avaliar as suas iniciativas e refletir sobre elas de maneira crítica.

Coube ao instituto desenvolver um modo próprio de conceber e conduzir a avaliação de ações sociais, tanto as de abrangência nacional quanto as focadas em territórios localizados. Como explica Cintia Filpo, coordenadora de projetos do Ideca,

> Todo trabalho que realizamos é um ganho porque aprendemos com ele, já que cada projeto é diferente do outro. A partir dessas experiências, hoje, o Ideca é uma instituição que conseguiu desenvolver uma metodologia própria e consolidada, o que é uma grande conquista.

A seguir, dedicamo-nos à apresentação e à discussão detalhada dessa metodologia.

CAPÍTULO 2

Teoria e prática: a metodologia do Ideca em avaliação de projetos sociais

Se é necessário um debate constante a respeito da importância de avaliar as iniciativas sociais, de maneira que cada vez mais organizações dos três setores incorporem a prática avaliativa em seu fazer, cabe refletirmos também sobre como traduzir tal discurso em ações concretas. Como desenvolver uma abordagem metodológica crítica e objetiva sobre uma matéria tão dinâmica como a ação social, sem diminuí-la em sua complexidade? Como captar, enfim, a riqueza dos processos humanos por meio de um método?

O SOCIAL NÃO É APENAS FINANCEIRO

Até tempos recentes, prevalecia um olhar restrito sobre as potencialidades da avaliação, entendida como mera comprovação do dispêndio de recursos. Não se reconhecia nela um instrumento de gestão da ação social, mas de administração e controle, ignorando a avaliação tanto no planejamento da intervenção quanto nos possíveis ajustes de rumos ao longo de seu desenvolvimento. O foco metodológico estava no quantitativo, por vezes confundido com uma auditoria contábil.

Evoluímos. Hoje, há uma preocupação crescente das organizações a respeito do impacto em longo prazo de suas ações. Os investidores sociais, por sua vez, acompanham cada vez mais de perto as iniciativas que financiam, cientes da necessidade de estabelecer uma relação de cooperação com as entidades apoiadas, não mais pontual e distante. O controle orçamentário não é suficiente: até mesmo o Tribunal de Contas da União, que historicamente sempre priorizou o desempenho orçamentário, tem desenvolvido processos avaliativos que refletem sobre questões técnicas (as auditorias operacionais), escapando, assim, de uma análise meramente contábil.

Tal mudança de visão exige das metodologias avaliativas um olhar cada vez mais aprofundado sobre a ação social e um crescente rigor técnico para garantir a acuidade de suas análises. Interessa uma avaliação baseada na pluralidade de percepções sobre uma dada realidade, ouvindo diferentes atores envolvidos em um mesmo processo. É com uma avaliação preocupada em contribuir para o aprimoramento das ações sociais que o Ideca se compromete.

Antigos vícios

Esse novo entendimento, porém, ainda hoje encontra obstáculos, herança de um modelo mental antigo. Não são raras as organizações cujas equipes técnicas entendem a avaliação como uma exigência dos financiadores, utilizada por estes como forma de controlar as ações e punir possíveis "falhas". Outros a veem como uma perfumaria onerosa e inútil, sem valor para o seu cotidiano, que retiraria da equipe tempo e esforços mais relevantes se dedicados à operação de seus projetos. Tarefa, não ferramenta. Obrigação, não planejamento.

Leituras equivocadas como essas acabam por gerar uma postura reativa daqueles que participam do processo avaliativo, o que impacta na qualidade das informações apuradas e, assim, em sua análise. É preciso que a avaliação seja ressignificada, passando a ser considerada desde o planejamento da ação social. Se planejar é pensar a intervenção antes de concretizá-la, incluir a avaliação no marco lógico do projeto é fundamental: ela estimula o desenho de objetivos, metas e estratégias realmente exequíveis, pertinentes e efetivos para a transformação da realidade na qual irá intervir. Como aponta Ghisleine Trigo, consultora e membro do Conselho Diretor do Ideca:

> Se a avaliação é encarada como punição, como uma forma de apontar somente o que está errado em um projeto, ela não é vista como capaz de oferecer elementos de *feedback*. E quando isso acontece, é óbvio que se tende a, no planejamento de uma determinada ação, não pensar em como avaliá-la.

AFINAL, O QUE É AVALIAÇÃO DE PROJETOS SOCIAIS?

Para o acadêmico britânico Michael Scriven, avaliar é julgar o valor ou mérito de algo. Já segundo o trio de pesquisadores Jody Fitzpatrick, James Sanders e Blaine Worthen, a avaliação é a "identificação, esclarecimento e aplicação de critérios defensáveis para determinar o valor (ou mérito), a qualidade, a utilidade, a eficácia ou a importância do objeto avaliado em relação a esses critérios".[1]

Tais definições citadas — entre as diversas estabelecidas pela literatura especializada — apontam para um primeiro aspecto fundamental: toda e qualquer ação pode ser avaliada, desde que a partir de critérios adequados. Quando aplicados a projetos sociais, isso significa que a tarefa de avaliar é possível independentemente do tipo e porte da organização que os promove, da área temática à qual se dedica, da região geográfica na qual intervém.

1. Ver Fitzpatrick, Sanders e Worthen (2004).

Nesse sentido, é fundamental compreender o contexto no qual a ação está inserida, pois este será determinante não apenas para o desenho da intervenção, mas também para o seu próprio desenvolvimento. As variáveis que interferem direta ou indiretamente em uma ação social são inúmeras, nem sempre controláveis ou de imediata identificação, o que representa um enorme desafio para a avaliação.

Potências e limites

Uma mesma experiência avaliativa atende a diferentes funções. A principal delas é dar insumos para a tomada de decisão pela equipe gestora do projeto. Ao levantar dados relevantes e sistemáticos sobre seus processos e resultados, a avaliação baliza a reflexão e análise crítica das ações. Identifica quais estratégias estão associadas aos bons resultados e quais se mostram acessórias, estimulando ajustes. Acima de tudo, a avaliação é uma ferramenta para a gestão estratégica do projeto em seus diversos níveis: em seu método, no dispêndio de recursos e mesmo nos procedimentos internos da organização que o opera.

Segundo Mônica Laluf, tal capacidade torna a avaliação inerente a qualquer ação social:

> Mesmo que você faça um planejamento muito bem-feito, ao implementar o projeto, é possível que ele siga diversos caminhos, porque você está tratando com pessoas, organizações, níveis de governo. Por melhor que você tenha planejado a ação, o que foi concebido será diferente na prática. É preciso entender por que o projeto caminhou para um lado, e não para o outro, e isso só é possível por meio da avaliação.

Não se deve encarar a necessidade de correção de rumos como um sinal de "fracasso" do projeto, mas como uma forma responsável de conduzi-lo. Por isso, é fundamental que avaliar faça parte do cotidiano da organização. Refletir sobre a prática e promover ajustes garantem que o projeto responda à realidade na qual pretende intervir, sendo mais efetivo. A avaliação, assim, é indispensável para que o projeto atinja seus objetivos e, consequentemente, para que a organização cumpra sua missão.

Pensar a ação social de maneira crítica permite que a avaliação gere conhecimento a partir da prática. Trata-se de um processo de aprendizagem que estimula a organização a construir uma consciência refinada sobre o seu trabalho. O conhecimento desenvolvido atende também aos diversos públicos interessados, seja na prestação de contas a investidores e seus conselhos diretores, seja na área de comunicação da organização, com insumos para divulgar seu projeto com resultados comprovados.

Cabe chamar atenção a um aspecto fundamental da natureza da avaliação, que independe da demanda prioritária à qual ela atende:

> Não se pode entender a avaliação como um fim em si mesmo. A avaliação é sempre um meio para um fim: para que a instituição confirme as decisões tomadas, faça novas opções, reveja seus rumos, fortaleça uma ação. É preciso que isso esteja sempre absolutamente claro tanto para o avaliador quanto para a organização. — Ghislene Trigo

Assim, tão importante quanto saber as potencialidades da avaliação é ter clareza de suas limitações. É preciso compreensão do fato de que não cabe à avaliação entregar uma resposta única e definitiva às questões de um projeto social, complexo em sua natureza. Segundo Cintia Filpo,

> É preciso que as organizações entendam que o papel da avaliação não é dar todas as respostas ou mesmo a receita do bolo. Quem tem de construir essa receita e fazer escolhas é a própria organização. Cabe à avaliação apontar caminhos e descaminhos, mas a equipe técnica responsável pelo projeto é quem deve decidir por qual deles seguir ou não.

A avaliação não pode ditar os rumos da ação social. Essa é uma tarefa para seus gestores, que detêm a visão macro e as estratégias relativas aos objetivos mais amplos da instituição. É possível que, embora a avaliação aconselhe determinada mudança, o gestor opte por não adotá-la, em função de aspectos e variáveis de natureza político-institucional.

"A avaliação não é uma panaceia", resume Simone Coelho. E também não é um procedimento inócuo. Uma vez que baliza decisões e exige um posicionamento diante dos fatos levantados, ela é um instrumento de poder — mais produtivo quando utilizado em favor dos melhores resultados do projeto.

De fora para dentro

Um processo avaliativo pode ser conduzido por técnicos da própria organização que opera o projeto ou por terceiros. O Ideca, que mantém uma condição de independência das instituições operadoras e/ou financiadoras das ações que avalia, traz um olhar de quem está de fora da operação. A partir dessa posição, o instituto pode tanto avaliar as ações propriamente ditas quanto auxiliar a organização responsável pelo projeto a construir estratégias avaliativas próprias, que serão conduzidas por sua equipe técnica ao longo da implantação da ação social.

Na avaliação conduzida por um ator externo à organização, o projeto é observado por profissionais especialistas a partir de critérios específicos. Considerando a isenção de sua análise, costuma ser fonte de credibilidade diante de públicos interessados, especialmente financiadores. Por outro lado, quadros internos da instituição têm mais familiaridade com a cultura organizacional, o contexto do projeto e as pessoas por ele engajadas, o que pode minimizar resistências ao processo. Essa alternativa, em geral, tem custos reduzidos em relação à contratação de uma consultoria.

Há o perigo, no entanto, de essa mesma familiaridade tornar-se uma desvantagem no que se refere ao distanciamento crítico que a tarefa exige. Além disso, há uma diferença de perspectivas: a avaliação deve ser sempre um agente de mudanças, buscando alterações que maximizem resultados; enquanto é da natureza das instituições buscar a estabilidade de seus processos e procedimentos, estabelecendo rotinas compartilhadas por todos e facilitadoras da implementação do projeto. Assim, é necessário um nível alto de compromisso da organização para que sua equipe tenha a devida autonomia e voz ativa para fazer valer suas reflexões provenientes da avaliação.

Considerando que ambas as situações — uma avaliação conduzida pela própria organização ou por uma consultoria especializada — apresentam potencialidades e desafios próprios, cabe à instituição determinar qual é mais adequada aos seus objetivos e expectativas. Há ainda a alternativa por um formato misto, que associa estratégias internas e externas de avaliação. É importante esclarecer, no entanto, que a opção por uma consultoria não significa a postura passiva da organização. É fundamental que o processo avaliativo seja desenvolvido em meio a uma relação de parceria e interlocução com a instituição avaliada, para que não se torne descolado de sua realidade organizacional.

No entender do Ideca, uma consultoria externa tem compromisso com os melhores resultados do projeto, e não com a mera emissão de um veredicto técnico a respeito de seu "sucesso" ou "fracasso". Há aqui uma dimensão formativa, preocupada com o fortalecimento tanto da ação social quanto da instituição que a realiza, tarefa para a qual a parceria entre os dois atores é imprescindível.

OS QUATRO MOMENTOS DA AVALIAÇÃO

Em termos gerais, existem quatro tipos de avaliação, diferenciados especialmente pelo momento do projeto em que são realizados:

- avaliação diagnóstica: momento anterior à implantação da ação social;

- avaliação processual/monitoramento: durante a implantação da ação social;
- avaliação de resultados: após determinado período da implantação da ação social ou no seu fim imediato;
- avaliação de impacto: em um relativo espaço de tempo após o fim da ação social.

Linha de tempo da ação social

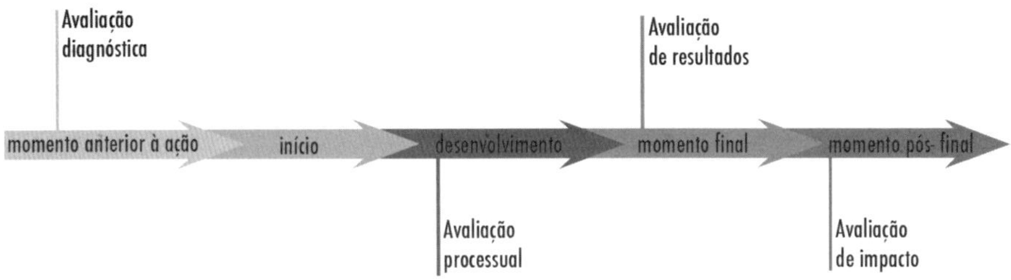

Avaliação diagnóstica

Etapa primordial do planejamento de uma ação social adequada, a avaliação diagnóstica deve ser feita uma vez definida a comunidade (bairro, município, estado etc.) na qual o projeto deseja intervir. A partir de amplo levantamento de dados sobre a localidade, o diagnóstico constrói um "retrato" que permite o desenho de um projeto mais eficiente porque adequado às especificidades identificadas.

Em geral, sua realização envolve os seguintes passos:

- levantamento de dados secundários existentes sobre a região em que a ação será desenvolvida, visando a uma visão macro sobre questões pertinentes à intervenção;
- ouvir a comunidade a respeito de suas demandas, identificando, para tal, tanto lideranças formais e informais quanto

os potenciais beneficiários do projeto para que sejam envolvidos em sua construção;

- levantar informações específicas que serão úteis para o desenho da futura ação, identificando a vocação socioeconômica local;
- identificar possíveis parceiros locais, inclusive em termos financeiros, para garantir a sustentabilidade do projeto a médio prazo;
- identificar na região a oferta atual de projetos na mesma área temática à qual a ação pretende dedicar-se.

Como explica Simone Coelho, a avaliação diagnóstica tem valor principalmente por dar embasamento e legitimidade à ação social:

> Existe uma arrogância técnica quando você acredita que sabe de que precisa aquela comunidade para desenvolver-se. Isso leva a projetos equivocados. É preciso ouvir a comunidade sobre quais são suas reais demandas. Caso contrário, o resultado é que, quando você sai da comunidade, o projeto morre. Ninguém o assume, porque ele não faz sentido ali. Isso é irresponsabilidade social.

Ainda que o diagnóstico impacte diretamente na eficiência do projeto, ainda são poucas as organizações que se dedicam a ele, tanto por uma limitação financeira quanto por uma cultura que privilegia a operação das ações em detrimento de seu planejamento cuidadoso. Vale chamar atenção para o fato de que construir estratégias devidamente embasadas desde o início pode significar a economia de gastos futuros em sua readequação.

Marco zero

Dentro do campo da avaliação diagnóstica, há o marco zero. Comumente confundidos como sinônimos, trata-se, na realidade, de passos complementares que atuam como subsídios fundamentais para o planejamento da ação social.

> Na avaliação diagnóstica, você constrói um retrato geral de uma comunidade na qual deseja intervir: quem são as lideranças locais, quais são as questões que impactam nessa comunidade etc. A partir da análise desse material, você define seu projeto e volta à comunidade para realizar um marco zero sobre o tema que pretende trabalhar. Se meu projeto se dedica à formação profissional, eu vou construir um marco zero que levante o perfil profissional desses jovens. Ou seja, você está especificando o seu diagnóstico. — Simone Coelho

Assim, o marco zero baliza o desenho de estratégias direcionadas. Além disso, serve de parâmetro para comparar esses sujeitos com eles mesmos em momentos avaliativos posteriores e para determinar quais resultados podem ser de fato atribuídos ao projeto. Ghisleine Trigo esclarece esse ponto:

> O marco zero permite saber se houve ou não um ganho em função da ação social. Quando se trata, por exemplo, da avaliação dos resultados de desempenho de alunos de uma escola após um ano de um projeto, é possível concluir sobre o seu nível de desempenho e compará-lo com os resultados das avaliações nacionais. Mas se não sei como eles estavam antes do início do projeto, não sei se esse resultado é mesmo um avanço ou se os alunos já estavam nesse patamar revelado pelos resultados da avaliação. De que ponto eles partiram? O quanto eles avançaram? Em quais aspectos deu-se esse avanço? A importância do marco zero é permitir essa comparação.

Nesse sentido, é fundamental dedicar-se a um marco zero de qualidade, que efetivamente forneça um retrato fidedigno de determinada realidade e que permita comparações futuras para a verificação de possíveis avanços.

Em termos gerais, os passos para sua realização são:

- levantar todas as informações possíveis sobre os beneficiários do projeto;

- estabelecer uma comunicação com os beneficiários, ouvindo seus interesses, expectativas e problemas;
- levantar informações sobre outros aspectos nos quais o projeto irá intervir;
- caso o projeto trabalhe com o desenvolvimento de competências específicas, levantar o nível atual dos beneficiários, estabelecendo um "ponto zero". *Exemplo*: no caso de um projeto que atua no desenvolvimento cognitivo dos alunos, aplicar uma prova para os estudantes envolvidos.

Vale reforçar a importância da comunicação com os atores que serão foco do projeto, estratégia fundamental de mobilização e engajamento.

> Realizar um marco zero, de certa maneira, é também uma forma de comprometimento dos envolvidos. Porque, às vezes, as pessoas aderem a projetos por motivos externos ou mesmo sem compreender essa ação social. Quando você faz o marco zero e envolve os atores antes do início efetivo do projeto, você cria uma responsabilidade nas pessoas. — Ghislene Trigo

A realização do marco zero não está necessariamente atrelada à da avaliação diagnóstica. É comum que haja a demanda por sua construção mesmo após terem sido feitos levantamentos prévios ou quando há uma decisão política por parte da organização para atuar em determinada localidade. O que se percebe é um crescente entendimento a respeito da importância do marco zero para a comprovação de resultados futuros.

Avaliação processual

A avaliação processual, também chamada de monitoramento, ocorre ao longo de todo o desenvolvimento da ação social, enquanto ela está sendo realizada. Seu objetivo é verificar se as estratégias do projeto estão sendo bem-sucedidas, dando embasamento para a correção de rumos em direção aos seus objetivos e metas. Dessa forma, procura-se mapear:

- os aspectos que facilitam ou dificultam as ações;
- a adequação dos processos de gestão;
- a adequação da metodologia proposta à realidade local;
- a relação com as instâncias parceiras, sejam elas públicas ou privadas.

O olhar da avaliação processual é sempre voltado para o futuro, ou seja, para o alcance do ponto de chegada que o projeto se propôs atingir. Além disso, ao fazer um mapeamento das estratégias, o monitoramento permite criar inteligência a partir do projeto:

> Se você faz o acompanhamento do processo, é possível lançar luzes sobre determinadas variáveis que fazem diferença na gestão do projeto. Por exemplo, você verifica, a partir da experiência, que não se pode substituir a coordenadora pedagógica no meio do caminho porque isso impacta negativamente no trabalho dos professores. Aprendizagens como essa são mapeadas e, ao fazê-lo, você descreve procedimentos e cria protocolos de ação. — Ghislene Trigo

Avaliação de resultados

Realizada após determinado período da implantação do projeto ou no seu fim imediato, a avaliação de resultados busca delimitar em que medida os objetivos foram atingidos e as causas que levaram a tal. São investigados aspectos como:

- a evolução dos beneficiários do projeto;
- a evolução dos agentes envolvidos;

- os impactos institucionais nas organizações envolvidas;
- a relação das organizações com a comunidade atendida.

É nesse momento que se dá a comparação com o marco zero, identificando os possíveis avanços ou retrocessos em relação ao início do projeto. Aqui, ao contrário da avaliação processual, o olhar está voltado para o passado, como esclarece Simone Coelho:

> Na avaliação de resultados, é feito o percurso inverso ao monitoramento. Você parte do resultado que encontrou e olha para trás, com o objetivo de saber como chegou até aqui. Seu olhar é o de investigação. O que aconteceu para gerar esse resultado?

A avaliação de resultados baliza a tomada de decisões sobre a continuidade do projeto: se ele será incorporado como um programa permanente pela organização operadora; se terá seu financiamento estendido por seus investidores sociais; ou, no caso de parceria com o Estado, se será expandido como política pública.

Cabe observar uma evolução no entendimento de empresas, fundações e institutos a respeito da necessidade de comprovação dos resultados do investimento social realizado. Isso se dá principalmente porque tal reflexão dá subsídios à elaboração do planejamento estratégico e à readequação da carteira de projetos da instituição.

Avaliação de impacto

O objetivo da avaliação de impacto é investigar de que maneira o projeto transformou, em longo prazo, a realidade na qual interveio — ou seja, avaliar a real abrangência de seus efeitos. Para isso, é necessário, antes de tudo, tempo:

> Após o fim do projeto, você vai embora e, um ano depois, volta e vê o que ficou como consequência da ação social: isso é o impacto. Ele não

é imediato, e por isso tem de ser avaliado depois. Dessa forma, é possível observar o que realmente permaneceu como resultado daquela metodologia. — Simone Coelho

Assim, a avaliação de impacto dedica-se a uma investigação mais complexa e analítica. Inclui-se aqui o mapeamento de resultados não esperados do projeto, para o qual é necessário um olhar aberto visando a sua identificação. É preciso estar atento também aos efeitos para além dos beneficiários da ação.

É muito comum uma confusão entre a avaliação de resultados e a de impacto, tarefas que são diferentes. Como resume Simone Coelho, "a avaliação de impacto está atrelada ao objetivo maior do projeto — uma transformação social e/ou comportamental —, enquanto a avaliação de resultados vê seus efeitos imediatos". Cabe lembrar ainda que a tarefa de garantir a autoria exclusiva do projeto sobre os efeitos observados em longo prazo é delicada, exigindo muito rigor do processo avaliativo para considerar a influência de fatores externos a ele.

Fronteiras frágeis

Ainda que as diferentes avaliações dediquem-se a responder a perguntas distintas em momentos específicos da ação social, o fato é que o projeto ganha quando há consciência da interdependência entre elas. A avaliação processual permite contextualizar de maneira mais embasada as conclusões da avaliação de resultados, assim como o diagnóstico traz insumos fundamentais para a avaliação de impacto, entre outras relações possíveis.

Além disso, o processo avaliativo, especialmente quando realizado em todas as suas dimensões, traz contribuições importantes para a sistematização do projeto. Cria-se um relato crítico e organizado dos procedimentos construídos, gerando uma inteligência fundamental para o coletivo da área social.

A METODOLOGIA DO IDECA: DIRETRIZES E BASES TEÓRICAS

Com base em sua experiência acumulada, o Ideca desenvolveu uma forma própria de conduzir os diferentes tipos de avaliação. Para tal, são combinadas técnicas disponíveis nas diversas áreas do saber, como ciências sociais, economia e estatística. No entender do instituto, tal abrangência é vital para que a avaliação responda à complexidade de um processo social.

A prática construída encontra fundamento em diretrizes e bases teóricas que, ao longo da trajetória do Ideca, mostraram-se primordiais para um processo avaliativo tecnicamente adequado, produtivo em suas análises e ético em sua condução. Tais guias são consideradas na avaliação tanto de iniciativas sociais promovidas pelos segundo e terceiro setores quanto de políticas públicas governamentais.

A seguir, apresentamos tais diretrizes condutoras da prática do Ideca.

Não há espaço para juízos de valor

A primeira diretriz que guia o trabalho do Ideca na avaliação de projetos sociais é um firme compromisso com a isenção. Isso não significa negar a subjetividade do avaliador, que sempre estará presente, mas embasar a análise a partir de metodologias claras e objetivas. Segundo Ghisleine Trigo,

> Não cabe a uma avaliação fazer juízo de valor. Você pode levantar hipóteses a respeito dos dados, desde que essas hipóteses não extrapolem o campo de conhecimento que está envolvido naquela avaliação e o

sentido ético das questões. Mas você não pode culpabilizar. Você não está julgando pessoas, e sim projetos e processos.

Antes de tudo, a avaliação deve ser conduzida com um respeito profundo pelo projeto avaliado — mesmo quando ele se mostra pouco efetivo:

> O Ideca tem como postura um respeito enorme por quem está fazendo o projeto. Porque, em primeiro lugar, a gente entende que fazer ação social no Brasil não é tarefa fácil. Além disso, a equipe do projeto está dedicando todos os seus esforços àquela ação, e isso não pode ser desconsiderado. O projeto pode até estar equivocado em termos estratégicos, mas há muita verdade nele, nesse sentido. Não abrimos mão de elaborar uma metodologia avaliativa correta e de apresentar os resultados tais como eles são, mas, mesmo quando o resultado é ruim, não se trata de destruir o trabalho do outro, e sim apresentar saídas e soluções respeitando o que foi feito. — Simone Coelho

Manter essa postura, de acordo com Cintia Filpo, exige que o avaliador mantenha-se atento para que suas visões de mundo não interfiram nas reflexões:

> O olhar de quem avalia vem carregado de uma série de experiências, saberes, construções e vivências que dá a possibilidade de analisar criticamente determinado contexto. O grande exercício em uma avaliação, sempre, é manter-se aberto e atento para captar o que aquela ação traz de novo e entender quais valores e princípios ela mobiliza. É necessário respeitar crenças e opiniões. É uma premissa de toda avaliação que o Ideca conduz.

Avaliar o projeto pelo que ele é

Na tarefa de não se deixar levar por impressões subjetivas, uma diretriz é fundamental: sempre avaliar o projeto tendo como parâmetro aquilo que ele pretende realizar. Como explica Simone Coelho,

> Nós já tivemos ocasiões de avaliar um projeto com base em estratégias metodológicas com as quais não concordávamos. Qual deve ser a postura de um avaliador nessa situação? Entender se, diante daquilo que o projeto se propôs fazer, a opção por aquelas estratégias permitiu que ele alcançasse os resultados pretendidos. É preciso entrar na anatomia do projeto, entender seus valores, o que ele quer transformar, e avaliá-lo a partir desses critérios, não de suas convicções.

Isso significa que os objetivos da avaliação devem estar diretamente articulados aos objetivos e estratégias do projeto. É por isso que, como esclarece Cintia Filpo, cada modelo avaliativo desenhado pelo Ideca é único, porque específico para aquela ação social:

> Todas as vezes em que nos reunimos para pensar a avaliação de um projeto, nos dedicamos a entender exatamente o que ele é. Nós adoraríamos ter um modelo pronto em que a gente encaixasse os projetos, mas isso não é possível. Há um contexto a ser observado que faz com que cada processo avaliativo seja diferente do outro.

A avaliação não é neutra

É certo admitir que nenhum processo avaliativo é neutro. Uma avaliação exige que sejam feitas escolhas, priorizações e interpretações ao longo de toda sua condução:

> A avaliação não é neutra desde o começo, desde a intenção de quem se propôs avaliar um determinado projeto. Quando uma organização procura o Ideca, de certa maneira ela já tomou um partido. E quando você devolve os resultados para quem os contratou, o uso que se faz deles é resultado de uma opção, o que reforça que a avaliação não é neutra. — Ghislene Trigo

Por meio de instrumentos como questionários e entrevistas, a avaliação mapeia as representações dos públicos envolvidos, com a expectativa de, assim, compreender o projeto em suas estratégias, processos e valores. É preciso ter clareza, portanto, de que a avaliação trabalha com percepções:

> A pessoa que está sendo entrevistada também está interpretando uma realidade. Temos de partir do princípio, e com a maior tranquilidade, de que estamos trabalhando com percepção. É a percepção sobre uma realidade, e não a realidade em si. — Simone Coelho

A fala de um professor sobre o projeto do qual participa reflete sua própria apreensão do que é a "realidade" desse projeto. A maneira como ele o percebe carrega consigo uma determinada visão de mundo, marcada pelo lugar ocupado dentro da estrutura social, seus valores e interesses. Entender que a avaliação é um reflexo das representações dos atores ouvidos é fundamental na interpretação das conclusões avaliativas. Nas palavras de Ghisleine Trigo:

> Sempre avisamos: isto não é a realidade. Isto é a leitura que as pessoas fazem dela. Porque há quem entenda que aquilo é o fato. Não é. É a hipótese das pessoas sobre essa realidade. E você, como avaliador, não tem outra maneira de saber o cotidiano, as relações, a não ser ouvindo seus participantes. Por isso, é preciso que isso sempre fique claro.

A própria avaliação parte de determinados valores para a sua análise, como explica Simone Coelho:

> Quais são os valores implícitos naquele projeto? A avaliação tem de olhar para a realidade com vista nesses valores. Ela é parte disso, portanto não é neutra. Além disso, a avaliação não é a dona da verdade. O seu olhar tem um ângulo de visão, que é formado pelas suas vivências e conhecimentos. Como avaliador, você tem sempre de partir do pressuposto de que algumas facetas dessa realidade estão escapando à avaliação.

Ouvir os interessados

Para garantir a ampliação desse ângulo de visão a partir do qual o processo avaliativo observa o projeto, o Ideca se dedica a alguns procedimentos. O primeiro deles é ouvir os públicos interessados do projeto, para que a avaliação componha um mosaico de percepções sobre a ação social. Com base no cruzamento das diferentes falas, a análise ganha consistência.

Pensando em um exemplo prático, na avaliação de um projeto em educação seriam ouvidos alunos, professores, coordenadores pedagógicos, diretores de escola, secretário de educação e membros da equipe técnica que opera o projeto. Tal prática é fundamental também para garantir que aqueles atores que estão fora das esferas decisórias sejam ouvidos, como aponta a consultora Gláucia Novaes:

> É importante ouvir todas as hierarquias do projeto porque sempre existe um jogo político, com aspectos que não são ditos por determinados atores. Se não são consultados os diferentes usuários envolvidos, você vai ter sempre uma visão parcial. Se você se restringir aos dirigentes do projeto, há o risco de ouvir um discurso oficial. Por outro lado, se você ouve apenas os alunos, pode ficar com opiniões pouco consistentes. Por isso, vale a pena olhar a ação por muitos ângulos.

Ao dar voz ativa aos indivíduos, a avaliação assume um papel importante de engajamento. Um ator que tem sua opinião considerada sente-se respeitado, o que contribui para que se aproprie da avaliação realizada. Segundo Ghisleine Trigo:

> Cada informante oferece uma visão a respeito daquele projeto que não pode ser ignorada. E quando eles são envolvidos nas avaliações, eles se reconhecem nos resultados apresentados. Ouvir os diferentes atores agrega legitimidade à avaliação, além de despertar nos participantes a curiosidade quanto aos resultados.

Aqui, cabe chamar atenção para um fato muitas vezes menosprezado no planejamento de um processo avaliativo. Não é correto assumir que os indivíduos estão naturalmente abertos e ansiosos para participar de avaliações. É preciso esforço tanto da equipe técnica do projeto quanto dos avaliadores para mobilizá-los na tarefa, de maneira que essa legitimidade se faça valer:

> É muito difícil mobilizar os atores para participar da avaliação, mesmo que sejam garantidos os mecanismos para tal. Quando é exigida uma participação mais pontual, em que a pessoa sabe qual o objetivo daquela atividade, fica mais fácil. Mas ninguém é obrigado a responder a seu questionário, nem que o prefeito estipule uma lei. E ainda que exista essa lei, a pessoa pode responder de qualquer maneira, sem compromisso com a fidedignidade das respostas. Portanto, é preciso capacitação para saber cooptar a participação das pessoas. — Gláucia Novaes

Sempre utilizar indicadores quantitativos e qualitativos

Outra forma estabelecida pelo Ideca para minimizar a falta de neutralidade no processo avaliativo é sempre recorrer a uma combinação de estratégias quantitativas e qualitativas para levantar os dados e as percepções dos atores sobre a ação social. Dessa forma, uma estratégia valida, preenche as lacunas ou aponta as incoerências da outra.

Os indicadores quantitativos são aqueles que permitem que tanto os dados dos participantes quanto suas percepções sejam expressos em números — quantas pessoas foram impactadas, a nota dos alunos etc. Sua investigação se dá por meio de instrumentos passíveis de serem aplicados em ampla escala, como questionários e provas. As informações que levantam são sempre um retrato do momento específico em que foram colhidas, o que os torna menos apropriados para captar a dinâmica da ação social.

Já os indicadores qualitativos dão conta de valores, sentimentos e opiniões dos indivíduos, colhidos por meio de estratégias como entrevistas, grupos focais e roteiros de observação. Capta-se, assim, um olhar mais refinado e aprofundado sobre a ação social, bem como questões intangíveis, como autonomia e autoestima. Exigem, porém, foco em seu uso, para que a avaliação não se perca em temas irrelevantes para a análise do projeto.

O Ideca não abre mão do uso combinado dessas duas estratégias, que é uma das características centrais de seu trabalho. Essa prática vem da consciência de que nenhum indicador é perfeito por si só, mas está em diálogo com outros dados que o complementam. Quantitativo e qualitativo respondem por tipos de dados diferentes, e sua interpretação ganha em consistência quando um é utilizado para lançar luzes sobre o outro.

É preciso ser objetivo

O uso combinado dos dois métodos baliza outra característica primordial do Ideca: o compromisso com a objetividade de sua análise. Simone Coelho ressalta:

> O Ideca criou formas de trazer resultados concretos para a organização. A opção pelo uso de estratégias quantitativas e qualitativas é também um entendimento de que a organização, especialmente seu conselho diretor, precisa de dados objetivos para tomar decisões, e você, como avaliador, pode trazê-los. É possível explorar diversas possibilidades na análise das informações, mas é preciso manter um pé fixo no chão. A combinação de indicadores é essencial para garantir essa objetividade.

Não é produtivo que a avaliação se perca na investigação de aspectos acessórios ou externos ao projeto. Como chama atenção Ghisleine Trigo, é preciso objetividade para que a avaliação seja realmente útil ao aprimoramento da ação social:

O Ideca traz uma devolutiva prática para o parceiro. Conseguimos apresentar resultados de tal maneira que a organização possa fazer ajustes importantes no seu projeto: essa estratégia está funcionando aqui, mas não ali; tal aspecto está sendo bem-sucedido, mas aquele é preciso mudar. São direcionamentos concretos.

Embasar resultados em justificativas e sugestões de alternativas

Para tal, o Ideca tem como diretriz sempre fornecer à organização insights qualificados, seja levantando hipóteses para os resultados da avaliação, seja sugerindo novos caminhos e alternativas para as estratégias. "A proposta do Ideca é promover uma avaliação com um olhar crítico e reflexivo, e não só entregar números e dados", explica Cintia Filpo.

O objetivo do instituto é mostrar que os resultados da avaliação respondem por uma situação momentânea do projeto — é sempre possível avançar, como explica Ghisleine Trigo: "A avaliação é uma radiografia de um momento. Existem saídas para esse momento, e cabe a nós mostrá-las". O Ideca assume aqui um papel de orientação, para o qual tem uma *expertise* construída. É o seu repertório que lhe permite, por exemplo, indicar à organização referências de outros projetos de mesma natureza, dado seu largo conhecimento sobre as iniciativas sociais no país.

Contar com uma rede de consultores especialistas

Por fim, é preciso reconhecer a importância de ter um grupo de consultores especialistas a quem recorrer para que as características que o Ideca considera fundamentais em um bom processo avaliativo sejam, de fato, refletidas na prática. Agregar em torno de uma mesma avaliação profissionais de diversas áreas do saber resulta em processos mais criativos, ágeis e com análises procedentes, porque feitas por quem realmente conhece o universo observado.

Contar com consultores experientes é ainda mais importante para o trabalho de pesquisa de campo. Não se trata de tarefa fácil: é preciso habilidade para criar um ambiente de confiança com os entrevistados e garantir que as informações necessárias sejam levantadas, bem como sensibilidade e flexibilidade para lidar com os imprevistos. Já na análise dos dados, é necessário um olhar crítico, capaz de estabelecer correlações entre os dados, ler nas entrelinhas e perceber caminhos.

A METODOLOGIA DO IDECA EM OITO PASSOS

Partindo das diretrizes e bases teóricas apresentadas, o Ideca consolidou uma linha-mestra para sua metodologia em avaliação de projetos sociais. Esse caminho é percorrido independentemente da área temática da ação avaliada e serve de base para o desenvolvimento de estratégias específicas para cada projeto, de acordo com suas necessidades.

São oito momentos principais:

1) Definição do desenho e da metodologia de avaliação.

2) Análise de material do projeto.

3) Construção do quadro lógico.

4) Elaboração dos instrumentos de pesquisa.

5) Pesquisa de campo (planejamento e execução).

6) Processamento dos dados.

7) Análise dos dados e formulação do relatório de avaliação.

8) Apresentação dos resultados.

1) DEFINIÇÃO DO DESENHO E DA METODOLOGIA DE AVALIAÇÃO

Quando uma organização procura o Ideca com a intenção de avaliar seu projeto social, a primeira medida a ser tomada é definir qual a metodologia avaliativa mais apropriada para o caso. Aqui, é fundamental um diálogo aberto entre as duas partes, como esclarece Ghisleine Trigo:

> Uma diretriz de trabalho do Ideca é entender perfeitamente bem o que o cliente deseja avaliar, o que é feito por meio de uma escuta ativa do que ele tem a dizer. A partir disso, há uma tradução sob o ponto de vista do Ideca a respeito do que será avaliado, e isso se dá em um movimento dialógico, ou seja, há uma troca constante entre o instituto e a organização, até que se aperfeiçoe a definição do que se quer avaliar. Nós temos de construir um projeto que seja absolutamente claro e consentido entre as duas partes.

Para determinar as estratégias básicas da avaliação, o instituto considera, principalmente:

- as características do projeto (área temática, abrangência geográfica, estágio de realização etc.);
- quais objetivos ele busca alcançar;
- quais as estratégias utilizadas;
- o escopo geográfico a ser coberto pela avaliação;
- o período necessário para realizá-la.

Tais aspectos permitem ao Ideca identificar qual tipo de avaliação será realizado, de acordo com o momento do projeto; as estratégias metodológicas de avaliação mais adequadas, que podem ser mais ou menos complexas; bem como o número e perfil dos consultores a serem envolvidos. A partir disso, é possível ao instituto dimensionar os custos do trabalho.

Se a organização não tem disponibilidade orçamentária para tal, são feitos ajustes no modelo avaliativo, sem que isso impacte em sua qualidade. É possível, por exemplo, reduzir a pesquisa de campo a uma amostra da população impactada, em vez de ouvi-la em sua totalidade; ou estabelecer meios de consulta que não requerem o deslocamento físico dos consultores, como o uso de correio, telefone ou internet.

Os sujeitos e os outros

É nessa etapa que o Ideca debate com a organização determinadas escolhas metodológicas. Entre elas, uma discussão importante é definir de que maneira se dará a verificação da evolução do programa: por meio da comparação entre o marco zero e os resultados ou via o estabelecimento de um grupo de controle.

Ainda que seja uma estratégia possível, o grupo de controle é objeto de diversos questionamentos. Por um lado, sua realização é possível apenas em casos muito específicos. É difícil compor um grupo similar ao dos beneficiários do projeto, sujeito às mesmas influências, de maneira a permitir a comparação. Por outro, o formato de grupo de controle envolve uma dimensão ética que precisa ser considerada, Simone Coelho argumenta:

> Você não domina todas as variáveis de uma intervenção social, ou seja, sempre existem acontecimentos que estão além do seu controle. Em um projeto de educação, por exemplo, é possível que uma professora dê início a um curso de pós-graduação, o que impacta no seu procedimento em sala de aula, ou que o diretor da escola seja substituído, o que traz uma nova dinâmica ao ambiente. Você não vai dominar essas mudanças nem tem o direito de exigir que os indivíduos se mantenham imóveis. Por isso, a comparação por meio de um grupo de controle é sempre feita com diversas ressalvas, porque ela é limitada e passível de contestação em termos metodológicos.

Outro ponto de definição diz respeito aos atores que serão observados na avaliação: indivíduos, comunidades ou instituições. Ainda que exista sempre um público prioritário do projeto, o mais adequado em um processo avaliativo é, quando possível, diversificar seu olhar em nome de uma análise mais rica, com uma visão contextual ampla.

Os indivíduos costumam ser o foco principal de uma avaliação. Além de serem mais facilmente identificáveis, por meio deles evidenciam-se as relações sociais e as evoluções ou problemas específicos do projeto. Por outro lado, há dificuldades para pesquisar egressos ou aqueles atingidos indiretamente pela ação social, além da constatação de que toda iniciativa impacta para além do indivíduo.

Já avaliar o impacto do projeto sobre comunidades ou grupos traz uma visão de conjunto e permite identificar com mais propriedade a sustentabilidade das mudanças. Perdem-se, porém, as transformações específicas, além do perigo de a análise cair em generalidades pouco produtivas. É possível observar ainda a evolução das diferentes instituições possivelmente impactadas por uma ação social, mas, nesse caso, há o risco de a análise se tornar muito restrita, perdendo a visão sobre o todo.

Momento de formação

A etapa de definição da metodologia avaliativa é fundamental também por seu caráter formativo:

> Raras vezes as organizações ou os financiadores têm clareza sobre o que desejam da avaliação. É muito comum, por exemplo, que a organização nos procure para realizar um marco zero do projeto, sendo que as ações já estão em desenvolvimento. Por isso, as definições metodológicas são sempre resultado de um processo de interlocução entre nós e eles, e nessa troca são dadas explicações sobre conceitos básicos da avaliação, para que eles tenham clareza do que é mais adequado para aquele momento do projeto. — Simone Coelho

2) Análise de material do projeto

Uma vez delineados o tipo e as principais estratégias avaliativas, a etapa seguinte é a análise pela equipe de consultores do Ideca de todo o material do projeto, tais como:

- concepções e proposta;
- documentos explicativos da metodologia;
- relatórios de atividades;
- apresentações institucionais;
- atas de reuniões;
- cronograma de atividades;
- organograma;
- materiais de divulgação;
- materiais pedagógicos.

O objetivo é que o Ideca familiarize-se com o projeto, criando total intimidade com seus princípios teóricos, pressupostos metodológicos, estratégias de ação e resultados esperados. É esse domínio que permitirá ao instituto ter clareza sobre os aspectos a serem priorizados pela avaliação e construir um processo avaliativo que realmente dialogue com a ação social.

3) Construção do quadro lógico

A análise dos materiais serve de base para a construção de um quadro lógico. Para o Ideca, essa é a etapa mais importante do processo avaliativo, por balizar todas as ações da avaliação. De acordo com Simone Coelho,

> O quadro lógico é fundamental para uma boa avaliação. A partir dele, você discute o que se quer avaliar e, portanto, ajusta expectativas. Ele

> cria um alinhamento entre o Ideca e a organização sobre quais aspectos do projeto serão avaliados, e assim evita que no fim do processo exista uma insatisfação. Entender a importância disso foi um grande aprendizado na nossa metodologia, e com o passar do tempo nos aperfeiçoamos nessa construção.

O quadro lógico costuma ser feito em uma oficina conduzida pela equipe do Ideca, de oito a 16 horas de duração, da qual participam os responsáveis técnicos pelo projeto. Quando essa estratégia não é possível, o próprio instituto propõe um quadro lógico e a organização o valida. Há casos ainda em que a organização já apresenta um quadro, cabendo ao Ideca apenas propor possíveis ajustes.

Em geral, os passos para sua criação são os seguintes:

- levantamento dos objetivos, metas e estratégias utilizadas pelo projeto;
- construção dos objetivos da avaliação;
- construção dos indicadores relativos a cada um desses objetivos;
- definição de quais atores serão ouvidos para responder a cada um dos indicadores;
- construção dos instrumentos que atendam aos indicadores.

Dessa forma, o quadro lógico organiza o projeto em suas intenções e estratégias. Se determinado aspecto não consta ali, é porque não é relevante para o projeto e, portanto, não requer avaliação. Assim, o quadro dá foco ao processo avaliativo, restringindo-o ao que de fato é estratégico para a ação social, em vez de perder-se em uma infinidade de variáveis acessórias.

É fundamental que o quadro construído seja de fato um espelho do projeto, para que a avaliação responda às suas necessidades. Por isso, é preciso uma construção conjunta entre o Ideca e a organização, no qual esta realmente veja ali a totalidade do seu projeto a partir de um recuo crítico.

EXEMPLO DE QUADRO LÓGICO

OBJETIVO DO PROJETO	METAS/ RESULTADOS	ESTRATÉGIAS	OBJETIVO DA AVALIAÇÃO	INDICADORES	TIPO DE INSTRUMENTO	ATORES INFORMANTES
Capacitar jovens em hidráulica	150 jovens capacitados	Selecionar e capacitar educadores	Avaliar se a competência foi alcançada	Grau de absorção dos conteúdos	Teste	Jovens Professores
		Selecionar jovens	Avaliar o grau de satisfação dos jovens com o processo	Satisfação dos jovens	Grupo focal Questionário	Jovens
		Desenvolver curso de 36 horas em técnicas hidráulicas	Avaliar a adequação da capacitação às necessidades do mercado	Necessidades do mercado na área Competência alcançada Satisfação dos empregadores	Entrevistas Grupo focal	Empregadores Coordenação do projeto Jovens

Objetivos, metas e estratégias do projeto

Visando a uma descrição estruturada do projeto, a primeira etapa do quadro lógico deve promover a retomada dos seguintes aspectos:

- objetivos: dizem respeito, por um lado, ao objetivo maior do projeto e, por outro, àqueles mais específicos, que devem ser suficientes para garantir o cumprimento do objetivo maior. É preciso criar objetivos que sejam capazes de mobilizar seus públicos interessados, relevantes para a transformação daquela realidade e viáveis do ponto de vista político, técnico e financeiro;
- metas e resultados: a meta é um parâmetro numérico que o projeto deseja alcançar e com o qual será comparado para atestar seu avanço. Já os resultados esperados se referem a um estado ou situação a ser alcançada, geralmente intangível. Nem as metas nem os resultados esperados podem ser uma ficção, mas devem ter correspondência com a realidade;
- estratégias: são a maneira prática pela qual o projeto irá realizar seus objetivos.

É fundamental que esses três aspectos estejam intimamente conectados, não apenas para dar sentido à ação, mas também para assegurar que existam chances efetivas de alcançar o que se deseja — isto é, que as opções estratégicas de fato levem aos resultados esperados.

Objetivos da avaliação

Os objetivos da avaliação visam determinar o que o processo avaliativo investigará. Para tal, são consideradas as estratégias do projeto, de maneira a identificar tanto se elas estão sendo realizadas da forma prevista quanto as representações dos envolvidos a seu respeito. Aqui, define-se a linha condutiva da avaliação, motivo pelo qual é fundamental que essa tarefa seja feita com especial critério e atenção.

Indicadores

Indicadores são unidades de mensuração que permitem verificar em que medida objetivos, metas e resultados esperados do projeto estão sendo alcançados. São construídos para responder a cada um dos objetivos da avaliação. De acordo com Paulo de Martino Jannuzzi:

> No campo aplicado das políticas públicas, os indicadores sociais são medidas usadas para permitir a operacionalização de um conceito abstrato ou de uma demanda de interesse programático. Os indicadores apontam, indicam, aproximam, traduzem em termos operacionais as dimensões sociais de interesse definidas a partir de escolhas teóricas ou políticas realizadas anteriormente. Prestam-se a subsidiar as atividades de planejamento público e a formulação de políticas sociais nas diferentes esferas de governo, possibilitam o monitoramento das condições de vida e bem-estar da população por parte do poder público e da sociedade civil e permitem o aprofundamento da investigação acadêmica sobre a mudança social e sobre os determinantes dos diferentes fenômenos sociais. (Miles, 1985; Nações Unidas, 1988)[2]

Os indicadores podem ser de dois tipos:

- diretos: quando há uma relação lógica com o alcance de um objetivo específico. Por exemplo, se um projeto pretende diminuir as taxas de repetência dos alunos, já aí está implícito o indicador: as variações percentuais das taxas de repetência;
- indiretos: sua relação com os objetivos, metas e resultados é de caráter probabilístico, o que requer um número maior de

2. Ver Jannuzzi (2005).

indicadores para que sua medição seja mais adequada. Por exemplo, se um projeto tem como objetivo específico ampliar a participação social da comunidade, é preciso avaliar de que forma essa participação acontece, observando a mobilização do público em torno de espaços como sindicatos e associações.

Um bom indicador deve ter características como objetividade, confiabilidade, relevância e especificidade, além de ser tecnicamente viável de ser verificado na realidade a um custo razoável. Deve identificar no projeto os seguintes atributos:

- eficácia: relaciona as estratégias do projeto aos resultados alcançados, buscando entender quais fatores impactaram positiva ou negativamente para o desempenho da ação;
- eficiência: observa a relação entre tempo despendido, custos investidos e os resultados alcançados pelo projeto, de maneira a verificar se sua operacionalização foi a mais adequada, mobilizou os menores custos e trouxe os melhores resultados;
- efetividade: mensura as transformações sociais pretendidas, comparando objetivos e metas aos impactos e efeitos alcançados pelo projeto.

A construção de indicadores é um momento fundamental de alinhamento, pois implica a priorização dos aspectos a serem observados em cada etapa avaliativa. Idealmente, sua definição se daria no momento de planejamento da própria ação social, uma vez que dizem respeito à forma de comprovar as metas e os resultados esperados.

Tipo de instrumento e atores informantes

A partir da determinação dos indicadores, define-se de que modo tais informações serão coletadas — questionários, provas, entrevistas etc. — e quais os públicos mais adequados para fornecê-las. Como dito, é prática do Ideca ouvir os atores envolvidos no projeto, mas é a partir dos indicadores que se determina o tipo de informação a ser investigada em cada um dos grupos.

Nesse sentido, o instituto tem como diretriz analisar um mesmo aspecto a partir do cruzamento das visões de diferentes públicos. Dessa forma, constrói-se o mosaico de olhares discutido anteriormente. Há casos, porém, em que não é possível ouvir os públicos interessados em sua totalidade, seja por limitações orçamentárias da avaliação, seja por se tratar de um universo demográfico muito amplo. Nesses casos, a avaliação trabalha com amostragem, ou seja, seleciona uma parte do universo total para a pesquisa. Essa amostra deve ser representativa do conjunto para que os resultados da avaliação sejam passíveis de generalização para todo o grupo.

Para tal, utilizam-se pesos amostrais, recurso estatístico que permite maximizar a chance de um elemento ser parte da amostra, uma vez que possui as características que mais interessam à avaliação, mesmo que não seja maioria no conjunto da população. Desse modo, a amostra consegue ser significativa e permitir análises consistentes sobre o todo.

4) Elaboração dos instrumentos de pesquisa

Uma vez definidos os indicadores a serem mensurados, os tipos de instrumentos mais adequados para a tarefa e os atores que servirão de fonte das informações, parte-se para a elaboração dos instrumentos propriamente ditos. Em geral, o Ideca trabalha com cinco instrumentais:

- questionários;
- provas de habilidades nos diversos componentes curriculares (por exemplo, língua portuguesa, matemática e ciências);
- entrevistas;

- grupos focais;
- roteiros de observação.

Os instrumentos são feitos pela equipe do instituto. Apenas em casos específicos a equipe técnica da organização é envolvida na tarefa, quando se trata de projetos cuja área temática ou estratégias envolvem muitas particularidades. Nesses casos, a organização pode contribuir para a adequação da linguagem dos instrumentos de maneira que eles sejam amigáveis aos entrevistados.

Uma vez que estão diretamente atrelados aos indicadores estabelecidos para a avaliação, os instrumentos são sempre construídos especificamente para determinado processo avaliativo, e nunca reutilizados integralmente entre diferentes avaliações. A correlação com os indicadores é fundamental também porque dá foco aos instrumentos, evitando que estes acabem por investigar aspectos considerados acessórios pelo quadro lógico.

Questionários

Os questionários são aplicados na grande maioria dos processos avaliativos. Sua importância é permitir à avaliação investigar questões comuns entre diferentes indivíduos, como explica Simone Coelho: "De certa forma, o questionário produz uma padronização das respostas, o que facilita o cruzamento das percepções. Você leva os indivíduos a pensar sobre as mesmas questões, e então sistematiza as respostas".

A elaboração de um questionário requer uma série de cuidados. A linguagem adotada deve ser a mais clara possível, com enunciados e alternativas de resposta objetivos para que não haja margem a ambiguidades ou enganos. É preciso considerar o público, estabelecendo estratégias específicas e adequadas ao seu perfil.

Outro ponto de atenção é evitar, sempre que possível, a construção de questionários muito longos, que podem se tornar cansativos, levando o interlocutor a respostas menos criteriosas. É preciso engajá-lo em torno da importância dessa tarefa: "Você não pode obrigar uma pessoa a responder ao questionário, portanto você conta com a colaboração e identificação dela com o seu objetivo", explica Gláucia Novaes.

É preciso considerar também que existe uma tendência entre os entrevistados de responder aquilo que imaginam que o avaliador deseja ouvir, bem como olhar suas próprias práticas com mais simpatia. Para que a avaliação não se torne refém do senso comum, é fundamental investigar as mesmas questões entre diferentes atores, para que seja possível o cruzamento das representações.

Em um projeto educacional, por exemplo, o questionário dos professores investiga se as práticas pedagógicas trabalhadas pelo projeto estão sendo de fato utilizadas em sala de aula. Para garantir um contraponto, os questionários dos alunos também investigarão essa frequência; se o primeiro grupo afirmar adotá-las, mas os alunos não, tem-se aí uma incoerência importante a ser investigada.

Um último ponto de debate diz respeito ao anonimato no preenchimento do questionário. Essa decisão envolve vantagens e desvantagens: por um lado, atribuir o nome do respondente ao questionário permite utilizar suas respostas para uma variedade de análises, inclusive estatísticas, que podem trazer luzes importantes para os resultados do projeto; por outro, é possível que a exposição deixe os indivíduos pouco à vontade para respostas mais críticas. Cabe à equipe avaliativa, em conjunto com a organização, escolher o caminho mais apropriado.

Provas de habilidades nos diversos componentes curriculares

Provas de habilidades são instrumentos desenvolvidos especificamente para a avaliação de projetos sociais em educação. Ao aplicá-las, o Ideca tem a chance de avaliar se os resultados do projeto se refletem em seu público prioritário: os alunos.

> Temos o pressuposto de que qualquer estratégia de capacitação didático-pedagógica tem de impactar no aluno, e só é possível verificar isso ao avaliar a aprendizagem dele. Diante dessa necessidade de comprovar resultados de uma intervenção didática, percebemos que era preciso construir processos avaliativos junto ao aluno, verificando essa evolução da aprendizagem. E isso é feito por meio das provas. — Simone Coelho

A aplicação de provas permite verificar se as competências e as habilidades dos alunos estão compatíveis com o que se espera para seu respectivo período de escolaridade. Quando aplicadas no momento inicial e final do projeto, é possível identificar se e de que maneira a ação social contribuiu para o desenvolvimento dessas habilidades, ou seja, em quais aspectos da aprendizagem o projeto interferiu positiva ou negativamente.

De acordo com os beneficiários do projeto, determina-se a qual ano escolar a prova será aplicada — em geral, 5º ano ou 9º ano, representativos de uma etapa do ensino. Também a disciplina é decidida de acordo com o foco das estratégias do projeto. Na grande maioria dos casos, são em língua portuguesa e, em menor frequência, em matemática, consideradas matérias básicas na vida escolar, transversais às demais disciplinas.

A escolha por esses dois campos permite ao Ideca construir provas comparáveis aos resultados do Sistema de Avaliação da Educação Básica (SAEB) e da Prova Brasil,[3] avaliações externas realizadas na-

3. O SAEB e a Prova Brasil são exames que compõem o Sistema de Avaliação da Educação Básica e têm como objetivo avaliar a qualidade do ensino brasileiro, subsidiando a tomada de decisões pelo ministério e secretarias de Educação. A base metodológica das duas provas é a mesma, com diferenças na população a que se referem. Feito por amostragem, o SAEB avalia estudantes das redes públicas e privadas, na área rural e urbana, no 5º ano e 9º ano do Ensino Fundamental, bem como o 3º ano do Ensino Médio. Já a Prova Brasil é censitária e envolve alunos de 5º e 9º anos da rede pública urbana e rural, em escolas com um mínimo de 20 alunos matriculados por ano escolar avaliado. Ambas aplicam provas de língua

cionalmente pelo governo federal na Educação Básica para determinar a qualidade do ensino no país. Para tal, as questões (ou itens) aplicadas nas provas do Ideca são calcadas nas matrizes em língua portuguesa e matemática de tais avaliações, e há um banco de itens parametrizados na escala de ambas, permitindo comparações fidedignas. Dessa forma, é possível confrontar os desempenhos verificados entre os alunos dos projetos avaliados com as médias municipais, estaduais, regionais e nacionais no SAEB e Prova Brasil. Além disso, o Ideca também inclui em suas provas questões especialmente elaboradas para atender aos objetivos didático-pedagógicos de cada projeto, cujas habilidades correlatas são acordadas com os especialistas das instituições avaliadas.

Uma preocupação na elaboração das provas é a consideração pelo contexto dos alunos. Na prova de língua portuguesa, como explica Ghisleine Trigo, "não adianta elaborar questões com efeito de ironia típico de São Paulo para alunos do Pará". No caso da matemática, são apresentadas referências familiares aos estudantes, como dinheiro ou medidas (peso, distância etc.). Deve haver também um equilíbrio entre perguntas fáceis e difíceis, contemplando tanto os melhores alunos quanto aqueles com mais dificuldades.

A construção das questões que compõem a prova é tarefa complexa. É preciso que o item tenha poder de discriminação, isto é, que possibilite distinguir alunos que sabem o conteúdo daqueles que não têm este domínio. Se todo o conjunto de alunos avaliados erra (ou acerta) uma mesma questão, isso significa que ela não é discriminativa; pode sinalizar, porém, que um conteúdo já é de domínio de todos ou que não foi abordado naquele nível de escolarização. É sempre recomendável analisar cada item em seu contexto de aprendizagem.

A elaboração das provas de conteúdo segue um rigor técnico que é reiterado na análise psicométrica dos resultados, permitindo atestar

portuguesa e matemática. Para mais informações sobre o conteúdo das provas e consulta às matrizes de referência e escalas de desempenho, acesse: <http://portal.inep.gov.br>.

se os instrumentos avaliativos utilizados têm qualidade e fidedignidade para definir os desempenhos investigados. Para a análise psicométrica, são utilizadas comumente a Teoria Clássica das Medidas (TCM) e a Teoria da Resposta ao Item (TRI), adotadas de acordo com as possibilidades do programa, como o número de alunos a serem investigados e o orçamento da pesquisa.

A TCM é de compreensão e uso mais amigáveis por não especialistas, mas apresenta limitações para compreender os itens individualmente, uma vez que as análises são voltadas para a prova, isto é, para o conjunto de itens aplicados; além disso, as conclusões são restritas aos grupos de alunos avaliados. Sabe-se também que para aumentar a precisão de uma prova na TCM é preciso acrescentar mais itens, o que tornaria a tarefa cansativa para o aluno.

A TRI, por sua vez, é um modelo que soluciona esse problema, pois, ao colocar itens e sujeitos em uma mesma escala de proficiência, permite avaliar o funcionamento de cada questão. Essa teoria possibilita ainda comparações entre anos escolares e populações diferentes. Uma explicação simples, mas eficaz, é dada por Ghisleine Trigo:

> Na Teoria Clássica de Medidas, a lógica é a seguinte: eu e você respondemos a uma prova de dez questões. Ambos acertamos cinco questões. Quem teve um desempenho melhor? Não é possível saber, pois o que conta é somente o número de acertos. Já a TRI leva em consideração o nível de dificuldade das questões. Há uma certa ponderação do desempenho de acordo com os itens que o aluno acertou e errou. Então, de volta ao exemplo, eu acertei cinco questões e você também, mas se eu acertei questões de maior dificuldade, meu nível de competência é maior do que o seu.

Outro ponto de atenção na elaboração de uma prova é a construção das alternativas de resposta em uma questão de múltipla escolha. Tão importante quanto a resposta certa é a redação das respostas erradas (ou distratores), que, ao contrário do que se poderia pensar, não são aleatórias. De acordo com Ghisleine Trigo,

> Elas não podem ser absurdas, mas sim referir-se a um mesmo assunto. E devem ter o mesmo tamanho que a resposta certa para não chamar a atenção dos alunos, porque eles tendem a achar que a resposta mais comprida é a mais completa, então você acaba entregando a resposta, sem que eles precisem raciocinar.

É preciso cuidado na elaboração dos distratores porque eles são fundamentais para a compreensão das habilidades dos alunos. Isso se dá porque as respostas erradas são elaboradas considerando as hipóteses por trás da escolha do aluno. A análise da prova feita pelo Ideca não se restringe a identificar índices de acertos das questões, mas busca um olhar detalhado sobre quais as dificuldades que os alunos enfrentam para identificar a resposta certa e quais os erros mais comuns que cometem. Isso gera um verdadeiro mapa da mina para a organização, pois indica em quais aspectos a formação pedagógica precisa investir para promover determinadas habilidades nos estudantes:

> Em uma prova bem construída, de acordo com a resposta que o aluno escolhe, você sabe até que ponto o raciocínio dele chegou e o que faltou para que ele identificasse a resposta correta. Ou seja, é possível mapear cada um dos equívocos cometidos pelos alunos e as eventuais razões associadas a eles. Quando você dá esse retorno para a organização, ela tem um guia sobre quais aspectos precisa trabalhar para que o aluno desenvolva a habilidade avaliada. — Ghislene Trigo

Além da referência dessas duas teorias — TCM e TRI —, são feitas as seguintes análises:

- diferenças de ganho nas habilidades dos alunos de acordo com características e comportamentos seus e dos educadores. Ao cruzar os resultados das provas com informações mapeadas pelos questionários, é possível analisar associações entre aspectos de perfil (idade, situação socioeconômica etc.), de práticas pedagógicas dos professores (se faz planejamento de aula, se utiliza diversos tipos de textos nas atividades etc.) e de contexto escolar com a aprendizagem dos estudantes.

Tais análises são incrementadas por meio de procedimentos estatísticos, como estudos de regressão e o uso da técnica *Automatic Interaction Detector* (AID), conforme gráfico na página seguinte. Os primeiros visam definir o grau de associação entre as variáveis e o desempenho, enquanto o segundo verifica como essas associações variam dentro de subgrupos. Na opinião de Ghisleine Trigo, a importância desse tipo de insumo para a organização é a seguinte:

> Em uma avaliação, você não está à busca de uma média, mas das variáveis que podem explicar essas médias. A partir desses cruzamentos, você diz para a organização: a ênfase que você deu na lição de casa fez diferença. Isso é útil para ela e para os professores que são avaliados, porque reforça ou rebate crenças que são repetidas exaustivamente no ideário pedagógico. Quando há um resultado como esse, a prática é comprovada.

- comparação dos desempenhos médios inicial e final dos alunos nas escalas de proficiência do SAEB e Prova Brasil;
- elaboração de escalas de proficiência específicas para cada projeto avaliado, de acordo com os itens de conteúdo aplicados;
- correção das tarefas que envolvem a competência escritora dos alunos, com vista a investigar o estágio de desenvolvimento da escrita em que os estudantes se encontram, bem como a caracterizar as produções textuais segundo competências que envolvem o domínio da norma-padrão, a compreensão da estrutura textual solicitada, o domínio de mecanismos linguísticos e a coesão na seleção e organização das informações e dos argumentos textuais.

O investimento do Ideca nessas diferentes formas de analisar os resultados das provas reflete sua visão de que um processo avaliativo

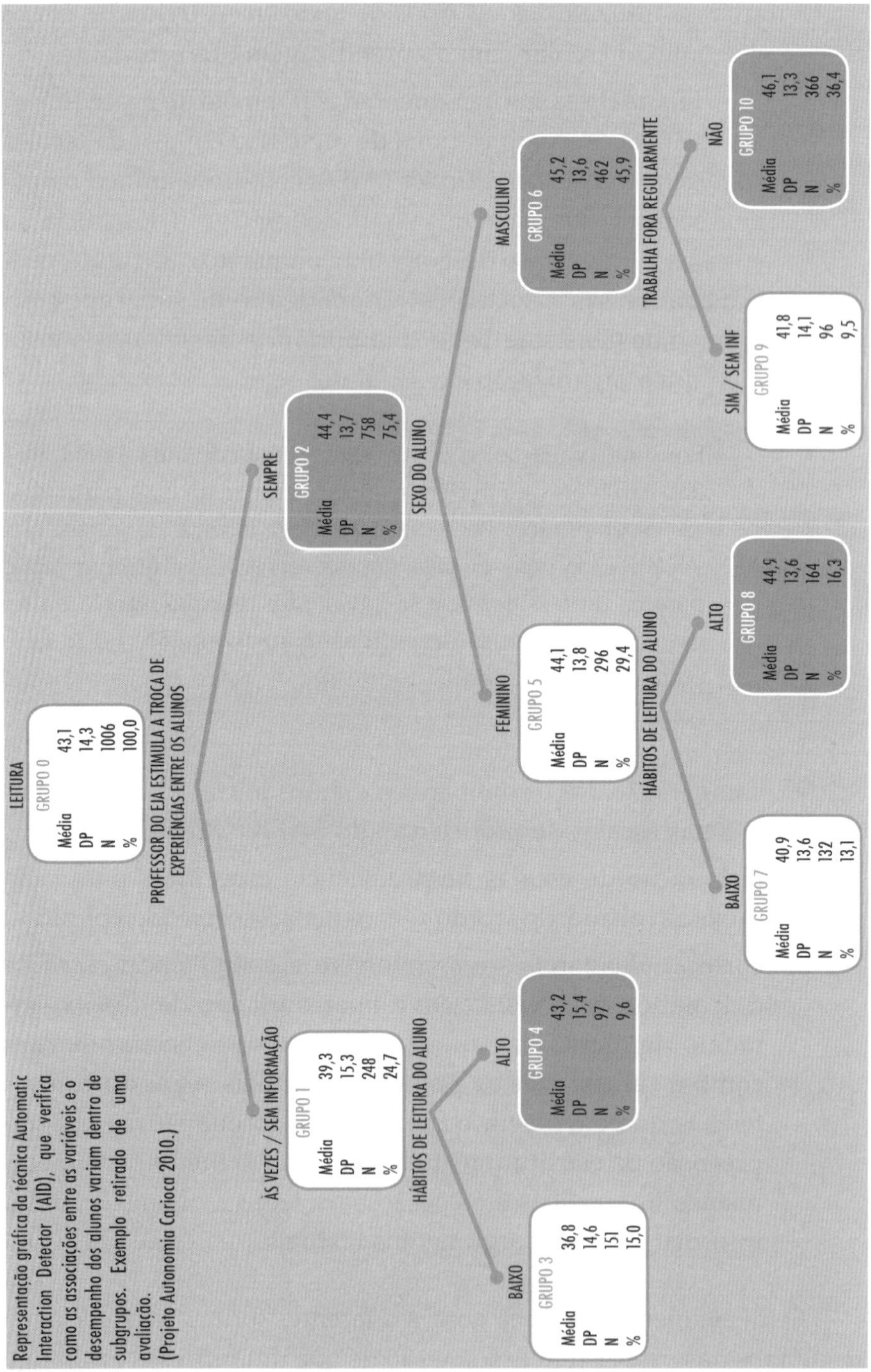

Representação gráfica da técnica Automatic Interaction Detector (AID), que verifica como as associações entre as variáveis e o desempenho dos alunos variam dentro de subgrupos. Exemplo retirado de uma avaliação.
(Projeto Autonomia Carioca 2010.)

deve, acima de tudo, contribuir para a qualidade da ação social — no caso, aprimorar a prática docente e, por consequência, as habilidades e as competências dos alunos.

Entrevistas

As entrevistas têm como principal objetivo investigar aspectos com mais profundidade, a partir do olhar de atores específicos. São utilizadas principalmente para indivíduos de destaque na hierarquia do projeto — como secretários municipais de Educação — ou quando o universo de determinado público é restrito — por exemplo, quando um projeto conta com apenas dois coordenadores.

Os roteiros de entrevista procuram identificar questões que levem o entrevistado não apenas a refletir sobre fatos objetivos do projeto, mas principalmente a expressar opiniões, pensamentos e valores. Estes, por sua característica intangível, não seriam captados por um questionário. Com os grupos focais, as entrevistas permitem que a avaliação lance luzes sobre os resultados dos indicadores quantitativos e mapeie questões subjetivas igualmente fundamentais para a análise.

Grupos focais

Com o objetivo similar de obter uma leitura mais qualitativa a respeito do projeto, os grupos focais mobilizam não um ou dois indivíduos, mas um grupo de oito a doze pessoas convidadas a refletir sobre temas específicos. A partir do debate coletivo de questões previamente definidas, é possível ao avaliador observar tendências e contradições entre as falas dos participantes. Além disso, é uma estratégia que permite contemplar as opiniões de públicos não letrados.

É preciso cuidado na escolha dos convidados, de maneira que suas opiniões, ainda que não sejam representativas em termos estatísticos, tragam insumos relevantes para a avaliação. Também não é o caso de transformar o grupo focal em uma entrevista coletiva — são estratégias com objetivos diferentes. Para que isso não aconteça, é preciso que o consultor responsável tenha habilidade para conduzir o debate de maneira a ouvir todos os participantes, deixando-os à vontade para manifestar-se sem receios.

Por fim, é fundamental que o consultor mantenha uma escuta ativa, atento aos insumos presentes nas entrelinhas, como esclarece Ghisleine Trigo:

> O grupo focal é fundamental no sentido de investigar aspectos que nem sempre são revelados pelas respostas aos questionários. Mas em um grupo focal, os participantes se sentem mais à vontade, o que permite que se lancem luzes sobre questões complexas no desenvolvimento de projetos, como o nível de satisfação com as ações realizadas, o clima entre os envolvidos, a percepção sobre os resultados, entre outros aspectos.

Roteiros de observação

Por último, os roteiros de observação têm como objetivo orientar o olhar do consultor em campo para o cenário em que o projeto se desenvolve, uma vez que este traz insumos importantes a respeito da ação social — em alguns casos, pode inclusive representar um fator de diferença nos resultados. A observação é mais uma fonte de informações que, quando articulada aos outros instrumentos de pesquisa, ajuda a compor a realidade do projeto.

A criação de um roteiro sobre os aspectos a serem observados em campo é fundamental para garantir uma padronização dos relatos, especialmente quando a avaliação abrange diferentes localidades. Como explica Gláucia Novaes,

> É preciso ter um planejamento sobre o que será observado. Se for uma observação livre, não é possível comparar as informações trazidas pe-

los consultores. Se há um roteiro, você consegue observar certos aspectos em comum em diferentes condições, em contextos diversos — ainda que muitas vezes eles não se apresentem da mesma forma.

5) Pesquisa de campo (planejamento e execução)

"A pesquisa de campo é um ponto nevrálgico de qualquer avaliação". É dessa forma que Simone Coelho resume a importância da pesquisa de campo em um processo avaliativo, com a convicção de que uma pesquisa malfeita resulta em dados incompletos, o que significa uma avaliação pouco confiável.

É nesse momento que o consultor vai à comunidade para aplicar os instrumentos elaborados. Para garantir o sucesso da empreitada, seu planejamento e execução merecem todo rigor.

A organização de uma pesquisa de campo envolve tarefas como:

- coordenar as agendas junto aos públicos que serão ouvidos, de maneira a garantir a presença de todos no dia, horário e local combinados;
- viabilizar a logística envolvida, especialmente o transporte dos consultores até a comunidade e entre os locais das atividades;
- providenciar os instrumentos de pesquisa em número suficiente;
- oferecer um treinamento básico para os consultores que vão a campo, o que inclui a apresentação detalhada do projeto, a leitura conjunta dos instrumentos e outras observações gerais.

É preciso que o planejamento anteveja o maior número possível de imprevistos para minimizar a chance de sua ocorrência durante a coleta dos dados. Deve-se reconhecer, no entanto, que surpresas indesejadas são parte natural de uma pesquisa de campo. Nesse caso, a flexibilidade e a agilidade do consultor são essenciais para que a integridade dos dados não seja comprometida.

Espera-se do consultor, sobretudo, um compromisso em investigar todos os aspectos que possam contribuir para a compreensão dos resultados do projeto:

> Fazer uma avaliação exige persistência e capacidade técnica bastante grandes, mas requer também uma sensibilidade para se adaptar ao campo. Às vezes, você está em campo e percebe que quem domina as informações daquela instituição não é o diretor, mas o assistente do diretor. É preciso ter esse *feeling*, caso contrário, a avaliação vai pegar o simulacro, o que a pessoa entrevistada pensa que acontece, e não a dinâmica vivenciada por um indivíduo realmente embrenhado no cotidiano do projeto. — Ghislene Trigo

Ao longo dos anos, têm surgido diversas soluções tecnológicas que desobrigam o deslocamento do consultor à comunidade para levantar as informações, como o preenchimento *on-line* de questionários. Tais estratégias têm vantagens importantes, especialmente em relação ao corte nos custos da avaliação. No entanto, elas deixam de lado aspectos relevantes da pesquisa de campo, como lembra Gláucia Novaes:

> Quando o pesquisador vai a campo e conversa com as pessoas, explica a importância da avaliação, ele pode contar, olho no olho, com a colaboração delas. As coletas feitas pela internet não têm a mesma força para essa adesão. Além disso, quando a pesquisa de campo é feita presencialmente por um consultor, é mais fácil saber quem levantou aquele dado, de que maneira o fez e os fatores que podem afetar as informações levantadas. Há mais insumos do que quando a coleta é *on-line*, mas às vezes esse formato é necessário por questões de custo ou de agenda.

Vale apontar que o contato presencial é relevante também para compreender os dados, de acordo com Cintia Filpo: "Essa experiência traz um conhecimento de causa à observação dos resultados que é um diferencial na análise".

6) Processamento dos dados

Essa etapa do trabalho é responsável por transformar todas as informações levantadas pelos instrumentos de pesquisa em dados organizados e analisáveis. Também aqui o rigor técnico é fundamental, uma vez que o tratamento errôneo das informações gera distorção na análise.

Enquanto as entrevistas e os grupos focais são transcritos, questionários e provas são digitados e processados para gerar resultados descritivos. É possível então interpretá-los e fazer estudos de associação com o desempenho que resultem em informações ainda mais refinadas.

Ao longo dos anos, o Ideca contou com os serviços de *bureaus* especializados na tabulação de dados. Estes tomam uma série de cuidados para garantir a integridade das informações, como a prática de digitar duas vezes cada dado ou destacar dois funcionários para digitar os mesmos dados, comparando as bases geradas para localizar incongruências. Com a intenção de ter mais controle sobre essa parte do processo, em 2013, o Ideca internalizou tais tarefas. A equipe foi capacitada por meio de cursos e aulas customizadas.

Cabe esclarecer que, apesar de parecer um trabalho essencialmente operacional, trata-se, na verdade, de uma etapa que exige *expertise*. Apenas com uma inteligência construída é possível identificar e realizar os tratamentos estatísticos mais apropriados para cada avaliação, bem como reconhecer sua fidedignidade e proceder a ajustes, quando necessário:

> Não basta conhecer os procedimentos, é preciso saber interpretar os resultados para reconhecer se aquele determinado dado faz sentido com a realidade. E se não faz, é preciso dominar as fórmulas para corrigi-las. São necessários experiência e um olhar crítico constante, e é um trabalho árduo nesse sentido, porque são muitas variáveis que você tem de operar. — Gláucia Novaes

7) Análise dos dados e formulação do relatório de avaliação

Com todos os dados devidamente processados e organizados, o Ideca dedica-se à análise e à formulação do relatório de avaliação. Aqui, duas preocupações centrais guiam o instituto. Por um lado, realizar uma análise cuidadosa das informações, procurando dar o retorno mais robusto e consistente possível para a organização. Por outro, fazê-lo por meio de um relatório claro, objetivo e amigável, para que seus insumos sejam realmente apropriados pelo projeto.

A base da análise está no cruzamento das informações levantadas por todos os diferentes instrumentos. É praxe do instituto complementar os indicadores quantitativos com trechos de entrevistas e grupos focais, bem como problematizar possíveis contradições. Outra preocupação é contextualizar o projeto por meio de dados socioeconômicos da comunidade no qual ele é realizado. Para tal, são consultadas fontes oficiais, como o Índice de Desenvolvimento Humano (IDH).

A formulação de um bom relatório exige capacidade de síntese. O documento não deve ser demasiadamente longo ou complexo, o que acaba por afastar o leitor e comprometer o bom uso do relatório. Ao mesmo tempo, é preciso ter olhar crítico para que informações fundamentais não sejam deixadas de lado apenas em nome de um número menor de páginas.

O Ideca tem por prática adaptar o conteúdo aos diversos públicos interessados nos resultados da avaliação, criando formatos de apresentação específicos para cada um deles. O sumário executivo atende às prioridades de financiadores, enquanto o volume pedagógico — documento que, em um projeto de educação, traz a análise completa de habilidades e competências didáticas dos alunos, com base nas provas — é fundamental para a equipe técnica responsável pela operação do projeto.

Outro recurso no qual o instituto tem investido são soluções gráficas para dar destaque às informações principais, como o uso de boxes, esquemas e quadros-resumo. Construir bons relatórios, porém, é uma tarefa em eterno aprimoramento, como explica Simone Coelho:

> Até hoje, o formato ideal de apresentação da análise das informações ainda é uma questão de investimento para o Ideca. Se todos aqueles dados foram levantados, foi porque o quadro lógico apontou sua necessidade. Como é que você vai deixá-los de lado? Por isso, os relatórios tornam-se extensos. Mantemos a atenção para editar o que for possível, mas é um exercício constante de melhoria e de busca por novos modelos de relato que sejam eficientes.

8) Apresentação dos resultados

A última etapa do processo avaliativo conduzido pelo Ideca é a apresentação dos resultados para a coordenação do projeto, "não no sentido formal que a palavra 'apresentação' tem, mas para dar explicações a partir de quem esteve em campo, o que dá um retorno mais qualificado dos resultados obtidos", esclarece Ghisleine Trigo.

Em um encontro presencial, o relatório é discutido conjuntamente, na íntegra. Esse momento de diálogo é especialmente importante quando a organização não tem intimidade com a avaliação e, por isso, tende a estranhar a linguagem e os procedimentos envolvidos. A reunião é indispensável também quando os resultados estão abaixo das expectativas da equipe técnica do projeto, o que requer cuidado:

> Não existe projeto que dê errado. Os fatos acontecem e é preciso lidar com eles. Cabe a você, avaliador, investigar as razões que expliquem os resultados e compartilhar esses dados com a organização. E sempre respeitar um projeto que já foi feito, apresentando essas informações com todo o cuidado. — Simone Coelho

É na apresentação dos resultados que o Ideca tem a oportunidade de reforçar aspectos fundamentais sobre a natureza da avaliação, que devem estar claros para a organização que opera e/ou financia o projeto. O primeiro deles é ter consciência de que as ações sociais, por envolverem mudanças de visão e comportamento, têm resultados que se manifestam em longo prazo. É preciso que a organização esteja ciente disso para não apressar processos e impactos.

Outro aspecto relevante é que, como discutido, a avaliação é sempre uma interpretação sobre a realidade. Interpretação esta tecnicamente qualificada, porque resultado da análise feita por profissionais especialistas com base em dados levantados via metodologias confiáveis — mas, ainda assim, uma interpretação sempre aberta a debate. Explica Simone Coelho:

> Nós não temos nenhum problema em rever a análise, se entendermos que essa revisão procede. Apresentamos uma interpretação que acreditamos ser técnica e analiticamente consistente. Se a organização discorda dela, estamos abertos ao diálogo e ao convencimento, desde que o argumento apresentado tenha fundamento. Mas nós sempre temos consciência de que a nossa interpretação não nos torna donos da verdade absoluta.

O Ideca também insiste na importância de que o retorno sobre os resultados chegue aos atores ouvidos pela avaliação, independentemente de sua posição na hierarquia do projeto. Trata-se não só de um reconhecimento da participação essencial dos entrevistados, mas também de um momento de reflexão que complementa a análise avaliativa:

> Ainda que o Ideca não possa garantir que aconteça, nós sempre advogamos para que as pessoas que participaram da pesquisa tenham um retorno dos resultados. É fundamental dar uma devolução para quem confiou no pesquisador. E há aspectos indicados pelos resultados que podem ser mais bem elucidados nessa interface com os que participaram da pesquisa. Essa é a riqueza da devolução. Os contratantes deveriam estar muito atentos a isso: incluir essa fase de conversa com os entrevistados para que os resultados possam ser ainda mais aperfeiçoados. — Ghislene Trigo

EM CONSTRUÇÃO: DESAFIOS QUE PERMANECEM

Ainda que o Ideca, ao longo de sua trajetória, tenha tido a oportunidade de consolidar as diretrizes e as práticas aqui apresentadas, os desafios permanecem, o que é natural para um trabalho que lida com as complexidades da ação social. Tais desafios são entendidos como estímulos para o contínuo avanço do instituto.

Entre eles, destacam-se:

- lidar com a falta de concretude de objetivos, metas e resultados esperados dos projetos a serem avaliados. Nas palavras de Gláucia Novaes:

> Geralmente, as organizações estabelecem objetivos muito amplos e vagos para os seus projetos. Existem palavras-chave comuns nas missões e metas das instituições, como autonomia e protagonismo. Mas o que quer dizer autonomia? Como determinar que, graças ao seu projeto, aqueles jovens passaram a ser autônomos? Ou seja, são palavras que possuem um peso, mas que, em termos objetivos, não dizem nada.

Isso exige do Ideca um esforço de desconstrução do discurso junto à organização, para que o instituto possa compreender o que de fato o projeto pretende realizar. A partir desse desvendamento, aí então é possível estabelecer os objetivos da avaliação. Segundo Gláucia Novaes:

> Assumimos um papel de questionar os sentidos que essas palavras têm, até que a organização chegue ao centro do que o projeto quer. Fazemos uma série de perguntas objetivas para mostrar que as palavras têm implicações e que, em uma avaliação, é preciso buscar evidências de que aquelas metas e objetivos foram atingidos por causa do projeto, e não por influência da família, da escola etc. Por isso, é importante fazer o quadro lógico junto com a organização: é nesse momento que possíveis inconsistências e contradições são mapeadas.

- garantir uma relação de diálogo e parceria com a organização, sem a qual a avaliação é diminuída em suas potencialidades. Como explica Ghisleine Trigo:

> O desafio é estabelecer a escuta, a interação, a empatia, o colocar-se no lugar do outro, entender o que o outro quer, às vezes sem que ele mesmo tenha toda a clareza do que se pretende com o projeto e com a avaliação. Isso é fundamental para que a conversa estabelecida seja adequada para fazer uma avaliação que conduza a mostrar caminhos interessantes, sempre no sentido de melhorar os resultados.

Aqui, um ponto crucial é o alinhamento de expectativas em relação à avaliação. Cabe ao Ideca deixar claro quais são as limitações de um processo avaliativo e o papel de uma consultoria. Por sua vez, a organização deve entender suas próprias intenções. Segundo Cintia Filpo:

> É sempre importante alinhar as expectativas e deixar claro o que cabe à avaliação e o que cabe à gestão do projeto. Muitas vezes, a avaliação observa e aponta determinadas questões, e o gestor cria a expectativa de que é papel do consultor encaminhá-las ou resolvê-las.

- construir quadros lógicos cada vez mais capazes de refletir o projeto em seus objetivos, metas e estratégias, sem que isso signifique ampliar demais os objetivos e indicadores da avaliação, o que a inviabilizaria. Hoje, o instituto possui domínio sobre essa ferramenta, mas a necessidade de torná-la cada vez mais precisa em seus contornos é permanente;
- engajar-se em um esforço constante de aprimoramento de sua metodologia, mas sempre ciente de que, como resume Ghisleine Trigo, "a sofisticação deve servir ao projeto, e não ao refinamento pelo refinamento". Cabe ao Ideca manter-se atento a essa armadilha, fiel à convicção de que a avaliação não deve nunca servir apenas a si mesma, mas sempre aos melhores resultados do projeto.

CAPÍTULO 3

Estudos de caso: a metodologia do Ideca na prática

Tendo como base a metodologia discutida no capítulo anterior, o Ideca desenvolve estratégias avaliativas específicas para cada projeto, de acordo com suas características e necessidades. Com o objetivo de dar exemplos práticos da versatilidade dos modelos metodológicos disponíveis no campo da avaliação de projetos sociais, apresentamos a seguir cinco estudos de caso vivenciados pelo Ideca, em diferentes áreas temáticas.

Para cada um deles, são apresentados os principais objetivos e estratégias do projeto, os caminhos avaliativos escolhidos em consideração a tais características e os detalhes metodológicos de cada etapa da avaliação. Por fim, sistematizamos os desafios e as aprendizagens centrais de cada caso, mostrando que lidar com obstáculos e aprimorar a prática são parte intrínseca de toda avaliação. É essa constante evolução que permite o crescimento seja da ação social, seja da organização que a opera e, sem dúvida, do próprio Ideca.

* * *

Área temática: Educação

Projeto avaliado: Programa Escola Que Vale

Instituições: Comunidade Educativa Cedac e Fundação Vale

Período da avaliação: De 2003 a 2008

Local: Municípios do Espírito Santo, Maranhão, Minas Gerais e Pará

O PROJETO

Iniciado em 1999 como investimento social privado da mineradora Vale, o programa Escola Que Vale (EQV) tinha como objetivo contribuir para a melhoria do ensino público nos municípios onde a empresa atua. A principal estratégia para tal era a formação continuada de professores, diretores e supervisores da rede pública, nas áreas de língua portuguesa, artes e gestão escolar.

Partia-se da premissa de que esse esforço impactaria positivamente no desempenho dos alunos, com foco no primeiro ciclo do Ensino Fundamental (1º ao 5º anos). A concepção e a gestão do programa, bem como o trabalho de formação dos participantes, ficavam a cargo do Cedac, organização sem fins lucrativos dedicada a projetos educacionais. O programa também estabelecia parcerias com as secretarias municipais de Educação, já que sua intenção era desenvolver-se em toda a rede de ensino local, atuando como política pública.

A formação continuada dos profissionais se dava por meio de um escopo diversificado de estratégias. No centro, estavam as oficinas presenciais realizadas pelos técnicos do Cedac com cada um dos públicos, amparadas por trocas *on-line* de materiais. No caso dos professores, as reuniões eram conduzidas a partir dos mesmos princípios didáticos que se esperava que eles aplicassem em sala de aula com os alunos.

Em alguns municípios, o programa contava com a figura do professor formador, responsável por participar das formações presenciais do Cedac e transpor tais conteúdos e reflexões para os docentes em âmbito local. Em geral, esse papel cabia a coordenadores pedagógicos ou supervisores, quando presentes na estrutura da rede pública. Essa era outra estratégia do EQV: estimular que determinados cargos e funções fossem instituídos, de maneira a garantir profissionais que fizessem a intermediação entre a Secretaria e as escolas, assegurando a qualidade pedagógica do sistema educacional.

Ainda em relação aos professores, outros dois aspectos merecem destaque. O primeiro diz respeito à realização de oficinas de artes com os docentes, estimulados a desenvolver um olhar mais lúdico e amplo em referências, ao mesmo tempo que trabalhando questões como a autoestima. O segundo se refere à Casa do Professor, espaço físico estabelecido pelo programa nos municípios para estimular a troca de experiências. O local era aberto a todos os professores e dispunha, entre outros, de biblioteca, equipamento audiovisual e espaços para reuniões. Em locais onde não havia nenhum tipo de aparelho público de lazer ou estudo, a Casa acabava por se tornar ponto de referência para toda a comunidade.

O EQV trabalhava com o conceito de fases para a distribuição dos municípios, determinada, inicialmente, pelo seu tempo de participação no programa. Com base na avaliação, porém, verificou-se que cada local possuía um ritmo específico de apropriação dos conceitos e práticas discutidos. Dessa maneira, a evolução dos municípios entre as três fases passou a depender do atendimento a uma série de requisitos, com um tempo máximo de permanência em cada etapa.

Com a expansão do programa, as habilidades trabalhadas passaram a incluir, em algumas localidades, matemática e educação ambiental, resultado da demanda dos professores por tais conteúdos. Em 2012, o EQV foi reestruturado, passando a integrar, com outros programas, uma única iniciativa da Fundação Vale na área de formação de professores e gestores escolares. Ao longo de seu desenvolvimento, participaram 30 municípios do Espírito Santo, Maranhão, Minas Gerais e Pará.

HISTÓRICO DA AVALIAÇÃO

O Ideca deu início ao seu trabalho de avaliação do EQV em 2003, a partir de uma demanda do Cedac chancelada pela Fundação Vale. O Centro estava interessado em construir um processo avaliativo que desse conta da complexidade do programa, que, como visto, mobilizou simultaneamente diversas estratégias, atores e municípios.

Em conjunto, o Ideca e o Cedac definiram os seguintes objetivos para a avaliação do EQV:

- avaliar a eficácia das estratégias adotadas (formações presenciais, oficinas de arte, Casa do Professor etc.);
- avaliar o desenvolvimento das competências de leitura e escrita dos alunos impactados pelo EQV;
- avaliar transformações nas práticas pedagógicas dos professores;
- avaliar mudanças nas práticas e redefinições dos papéis de diretores e supervisores;
- avaliar a ressonância do programa no sistema de ensino e nas práticas das secretarias municipais de Educação.

Durante os seis anos em que o Ideca avaliou o programa Escola Que Vale, as estratégias avaliativas evoluíram da seguinte maneira:

- 2003: marco zero (novos municípios), avaliação processual e de resultados (municípios já participantes);
- 2004: avaliação processual e de resultados;
- 2005: avaliação processual, de resultados e construção de um índice de evolução;
- 2006: marco zero, avaliação processual, de resultados e índice de evolução;
- 2007: avaliação de resultados e índice de evolução;
- 2008: avaliação de resultados.

Houve mudanças também no número de municípios avaliados ao longo dos anos, acompanhando tanto a expansão do programa a novas localidades quanto a saída de participantes. A partir de 2007, esse número diminuiu progressivamente, refletindo as mudanças de direção no investimento social privado da Fundação Vale.

O Ideca avaliou os seguintes municípios:

- Espírito Santo: Baixo Guandu e João Neiva;
- Maranhão: Açailândia, Alto Alegre do Pindaré, Arari, Pindaré Mirim e São Luís;
- Minas Gerais: Aimorés, Barão de Cocais, Belo Vale, Catas Altas, Congonhas, Governador Valadares, Rio Piracicaba e São Gonçalo do Rio Abaixo;
- Pará: Barcarena, Canaã dos Carajás, Curionópolis, Eldorado dos Carajás, Ipixuna do Pará, Marabá, Paragominas e Parauapebas.

METODOLOGIA DA AVALIAÇÃO

Uma vez definidas as estratégias avaliativas gerais, o trabalho começou com a análise do material do programa. Além dos documentos usuais, foram considerados os relatórios das coordenadoras gerais do Cedac, bem como das coordenadoras regionais, que respondiam por um determinado número de municípios. Destas, foram resgatados os relatos desde 2000.

O quadro lógico foi construído em conjunto com a coordenação geral do programa. Nesse momento, as coordenadoras regionais foram identificadas como principal fonte de informações para a avaliação, considerando seu papel central na condução das formações e sua interface direta com as localidades. Por esse motivo, foi aplicado ao grupo um questionário prospectivo para investigar aspectos gerais de sua atuação e suas expectativas em relação ao processo avaliativo.

Uma marca da avaliação construída pelo Ideca para o EQV foi a ideia de trabalhar cada município como um estudo de caso, em análise comparativa. Assim, as localidades eram investigadas a partir dos mesmos procedimentos metodológicos para possibilitar a comparação, garantindo uma visão articulada do todo — fundamental, uma vez que se tratava de um programa. Porém, a análise não perdeu de vista as especificidades dos municípios, vitais para a compreensão dos resultados.

Uma vez que a avaliação estendeu-se por seis anos, as estratégias metodológicas desenvolvidas sofreram diversos ajustes ao longo do tempo (inclusive no próprio quadro lógico, para realinhar-se a uma revisão feita pelo Cedac de metas e objetivos do programa). Em nome de uma apresentação mais didática, discutiremos cada uma delas a seguir, separadamente.

Marco zero

Tipo de avaliação mais pontual nesse processo, o marco zero foi realizado em 2003 e 2006 para construir um perfil de entrada dos novos municípios que iniciavam sua participação no programa. O objetivo era registrar a realidade do sistema de ensino e as características de seus profissionais, visando à comparação com os resultados futuros para perceber a evolução e os impactos do EQV. Além disso, com os subsídios levantados, era possível ao Cedac desenvolver estratégias específicas para cada localidade.

As avaliações de marco zero conduzidas em 2003 e 2006 seguiram a mesma estrutura. Os temas investigados em ambas as ocasiões foram os seguintes:

- práticas pedagógicas em língua portuguesa dos professores da rede pública;
- as competências de escrita e leitura dos alunos;
- as práticas de diretores e supervisores relacionadas à gestão pedagógica;

- os processos de gestão da Secretaria Municipal de Educação;
- os indicadores de movimentação da rede municipal de ensino;
- aspectos culturais e de infraestrutura urbana que pudessem facilitar o desenvolvimento do programa no município.

Essas informações foram levantadas em uma pesquisa de campo presencial, por meio da aplicação dos seguintes instrumentos:

- questionário para professores, diretores, supervisores e alunos;
- prova de língua portuguesa para alunos de 3º e 5º anos;
- roteiro de entrevista ou grupo focal com secretário municipal de Educação, diretores, supervisores e professores.

A partir da análise dos dados, o Ideca desenvolveu um relatório para cada localidade. Todos seguiam a mesma estrutura:

- caracterização socioeconômica do município;
- caracterização do sistema de ensino e das escolas participantes;
- perfil dos agentes educacionais que iriam participar do EQV (características socioeconômicas; formação profissional; e hábitos culturais, de lazer e leitura);
- prática pedagógica e visão dos agentes educacionais sobre seu próprio trabalho (gestão pedagógica e relação com a comunidade; prática e concepção didático-pedagógicas; e expectativas em relação ao EQV);
- avaliação dos resultados dos alunos (perfil socioeconômico e resultados da prova de língua portuguesa);
- considerações finais do Ideca.

Como explica Ghisleine Trigo a respeito das intenções do Ideca ao produzir o relatório de marco zero:

> A pesquisa de marco zero gerava um relatório que não era apenas descritivo, mas que levantava para o Cedac aspectos nevrálgicos tendo

em vista as características do EQV. Por exemplo: o programa se dedica à formação dos professores, mas se identifica na avaliação que, em determinado município, a jornada de trabalho desses profissionais não prevê horários para a formação em serviço. É um alerta ao Cedac já no marco zero, para que sua equipe possa desenvolver estratégias para lidar com especificidades como essa.

Avaliação processual

Realizado entre 2003 e 2006, o monitoramento das ações do EQV foi fundamental para os bons resultados do programa. Ao permitir um acompanhamento atento e criterioso do desenrolar das ações em cada município, a avaliação processual levantou pontos importantes a tempo da correção de rumos pelo Cedac. Além disso, trouxe subsídios relevantes para a contextualização dos dados da avaliação de resultados.

Para o monitoramento, o Ideca desenvolveu, com o Cedac, instrumentos a serem preenchidos mensalmente pela coordenação geral, regional e local do programa, escolhidas para a tarefa por seu papel central na execução do EQV. De acordo com Simone Coelho,

> Nós tínhamos diversos municípios para acompanhar, e não poderíamos nos basear em uma visita de campo periódica a cada um deles porque o custo dessa avaliação ficaria muito alto. Por isso, pensamos em um sistema em cascata, utilizando o próprio modo de funcionamento do Cedac junto aos municípios para extrair as informações. As coordenadoras, pela posição que tinham no programa, agregavam as informações dos professores e nos enviavam esse relato organizado.

Desenhados em formato de tabela, os instrumentos perguntavam sobre o andamento do trabalho, a descrição das atividades realizadas no período, a identificação de problemas específicos e os respectivos encaminhamentos. A partir da análise desses relatos, enviados por *e-mail* ao Ideca, a equipe do instituto desenvolvia pareceres mensais ao Cedac e à Fundação Vale sobre os municípios, divididos em dois grupos: localidades em fase de implantação do EQV e aqueles em fase de expansão.

A estrutura de tais pareceres era a seguinte:

- gestão do programa:
  — ações gerenciais;
  — interface com a Fundação Vale;
  — interface com os municípios;
  — supervisão pedagógica;
- desenvolvimento do programa:
  — acompanhamento do EQV nos municípios;
  — atividades na Casa do Professor;
  — oficinas de artes;
- quadro detalhado do número de beneficiários por modalidade.

A partir de 2005, os instrumentos passaram a ser preenchidos bimestralmente pelas coordenadoras. A decisão, tomada em conjunto entre Ideca e Cedac, foi motivada pela constatação de que, em um mês, as mudanças não eram tão significativas. Além disso, com a ampliação do número de municípios, optou-se por racionalizar a elaboração de relatórios pela equipe do Cedac, sem prejuízos para o acompanhamento do programa. Para o Ideca, essa mudança levou à alternância dos pareceres, mês a mês, entre os municípios da fase 1 e os das fases 2 e 3.

Os instrumentos de monitoramento também sofreram ajustes em seu conteúdo, visando produzir informações mais detalhadas e precisas. Foram privilegiados aspectos que, de acordo com as avaliações de resultados, se mostraram vitais para o bom andamento do EQV:

- problemas gerenciais e avanços na relação com a Secretaria Municipal de Educação e a Fundação Vale;
- organização e funcionamento da Casa do Professor;

- processo de supervisão dos profissionais envolvidos na formação;
- problemas e avanços locais, questões pedagógicas relevantes e seus encaminhamentos.

Em 2006, o Cedac contratou uma empresa de tecnologia para desenvolver um ambiente virtual de gestão de seus programas — entre eles, o EQV. A partir daí, o envio dos relatos periódicos das coordenadoras ao Ideca passou a ser feito por meio do ambiente. No ano seguinte, a avaliação processual deixou de ser realizada, priorizando a avaliação de resultados.

Avaliação de resultados

Trata-se do único tipo de avaliação realizado em todos os anos de trabalho do Ideca no EQV, por ser este o principal interesse do Cedac e da Fundação Vale: conhecer em que medida os propósitos do programa estavam sendo alcançados, seja no desempenho dos alunos, seja nas concepções e práticas dos diferentes profissionais de educação mobilizados.

Para levantar os dados necessários à avaliação de resultados, o Ideca realizava uma pesquisa de campo em todos os municípios participantes — independentemente de sua fase — no fim de cada ano, com a aplicação dos seguintes instrumentos:

- questionário para diretores, supervisores, professores formadores, professores e alunos;
- prova de língua portuguesa para alunos do 5º ano de duas escolas por município;
- roteiro de entrevista ou grupo focal com representante da Vale no município, secretário municipal de Educação, coordenadoras pedagógicas do Cedac, coordenadoras regionais,

coordenadoras locais, diretores, supervisores, professores formadores e professores;

- roteiro de observação das escolas onde foram aplicadas as provas.

A pesquisa de campo para a avaliação de um programa como o EQV exige cuidados. É preciso escolher turmas de alunos cujo professor tenha uma trajetória sólida no programa — um docente recém-chegado não terá vivenciado o projeto, portanto não terá condições de refletir sobre ele de forma embasada. No caso das escolas, sempre que possível, priorizou-se uma na área urbana e outra na área rural do município, para garantir representatividade das diferentes condições com as quais o programa lidava.

A partir da análise dos dados levantados em campo, complementados pelos insumos da avaliação processual, o Ideca produzia três tipos de relatório de pesquisa:

- relatório geral: escrito com base nos resultados de todos os municípios pesquisados, identificava consensos, diferenças e questões transversais do programa na evolução do conjunto das localidades;
- relatórios municipais: escritos com base nos dados e nos resultados específicos de cada localidade;
- volume pedagógico: escrito com base nos resultados das provas dos alunos, analisados de acordo com os procedimentos discutidos no capítulo anterior. No EQV, era este o principal documento de discussão entre Ideca e Cedac, para identificar aspectos a serem priorizados na formação dos professores.

Em termos gerais, os relatórios geral e municipais organizavam-se da seguinte maneira:

- caracterização do município (dados socioeconômicos e sobre o sistema de ensino);

- processo de implantação e desenvolvimento do EQV no município, na visão dos atores;
- perfil, prática e concepções dos agentes educacionais:
  — características socioeconômicas;
  — formação profissional;
  — hábitos culturais, de leitura e lazer;
  — práticas e concepções didático-pedagógicas;
  — relação com pais e comunidade;
- análise das estratégias do programa:
  — avaliação do desempenho dos atores no processo de formação continuada;
  — papel das oficinas de artes na formação dos professores;
  — papel da Casa do Professor no programa;
  — avaliação das estratégias de supervisão a distância;
- impactos e resultados do programa:
  — nos procedimentos da Secretaria Municipal de Educação;
  — na formação profissional dos educadores;
  — nas práticas didáticas e de gestão da escola;
  — no desenvolvimento de competências de leitura e escrita dos alunos;
- considerações finais do Ideca.

A lógica das avaliações de resultados conduzidas ao longo dos anos permaneceu a mesma. Houve, porém, uma especificidade nos anos iniciais. Entre 2003 e 2004, o Ideca realizou grupos de controle para verificar de que maneira o programa fazia diferença nos resultados dos alunos. Para tal, na pesquisa de campo, foram aplicadas provas em turmas cujos professores faziam parte do programa e em outras, de não participantes, estabelecendo a comparação entre os desempenhos.

Essa estratégia não foi mantida porque seus resultados não foram considerados significativos: as escolas incluídas no programa haviam sido escolhidas justamente por terem um desempenho abaixo da média, portanto os resultados apenas seguiam essa tendência. Além disso, houve uma mudança de estratégia do próprio EQV, que passou a trabalhar com a formação de todos os educadores da rede pública. Cabe lembrar que, conforme discutido no capítulo anterior, as provas do Ideca são comparáveis ao SAEB e Prova Brasil, o que já garante um parâmetro de comparação (caso as escolas participem de tais exames).

Índice de evolução

A principal inovação desse processo avaliativo foi o desenvolvimento de um índice de evolução do programa, até então inédito para o Ideca. A motivação para tal deu-se pela amplitude geográfica do EQV, aliada à necessidade de identificar evoluções e pontos de atenção em uma perspectiva comparativa entre os municípios. Segundo Ghisleine Trigo:

> A construção de um índice é uma estratégia que permite com mais facilidade ao gestor comparar os resultados das diferentes instâncias, municípios, escolas etc. E para o financiador, ele dá uma noção do tempo necessário para que as mudanças desejadas ocorram.

Realizado entre 2004 e 2007, o índice era construído com base nas mesmas informações levantadas pela pesquisa de campo da avaliação de resultados. Seu desenvolvimento mostrou-se possível porque todos os municípios atuavam a partir das mesmas estratégias, em direção a metas e objetivos comuns.

O que o índice faz é transformar o desempenho dos municípios em uma nota numérica. Dessa forma, é possível estabelecer uma comparação direta e imediata tanto entre o desempenho geral dos municípios quanto em cada um dos indicadores que compõem o índice, o que simplifica a identificação dos aspectos que mais impactam nos resultados obtidos.

Exemplo de evolução do Índice Escola que Vale — 2004-2006:

Evolução do índice EQV
(Segundo âmbitos de atuação do Programa em 2004, 2005 e 2006)

Município	Índice Final 2004	Índice Final 2005	Índice aluno 2006	Índice professor 2006	Índice diretor/formador 2006	Índice articulação com comunidade 2006	Índice evolução da escola 2006	Índice oficinas de artes 2006	Índice final EQV 2006
			PESO 5	PESO 3	PESO 2	PESO 1	PESO 1	PESO 1	
Município 1	5,60	6,60	6,4	7,6	7	6,1	7	6,6	6,79
Município 2	—	7,47	7,8	7,9	7,4	6,9	8,7	6,2	7,64
Município 3	6,10	5,50	6,7	7,,6	7,4	6,5	6,8	7,3	7,07
Município 4	5,70	6,47	6,1	7,2	6,6	6,1	6,4	6,7	6,51
Município 5	5,20	6,90	6,9	7,1	6,7	6,1	8,3	6,6	6,93
Município 6	6,40	7,15	8	8	7,3	6,4	7,4	7	7,65

Em termos gerais, para sua composição, agrega-se uma série de dados. Inicialmente, são atribuídos valores numéricos às alternativas de respostas assinaladas pelos diferentes atores em seus respectivos questionários e provas. Tais valores, uma vez agregados, resultam em fatores que, por sua vez, geram subindicadores. A soma destes cria indicadores que, quando agregados, resultam no índice final. O esquema a seguir ilustra essa associação:

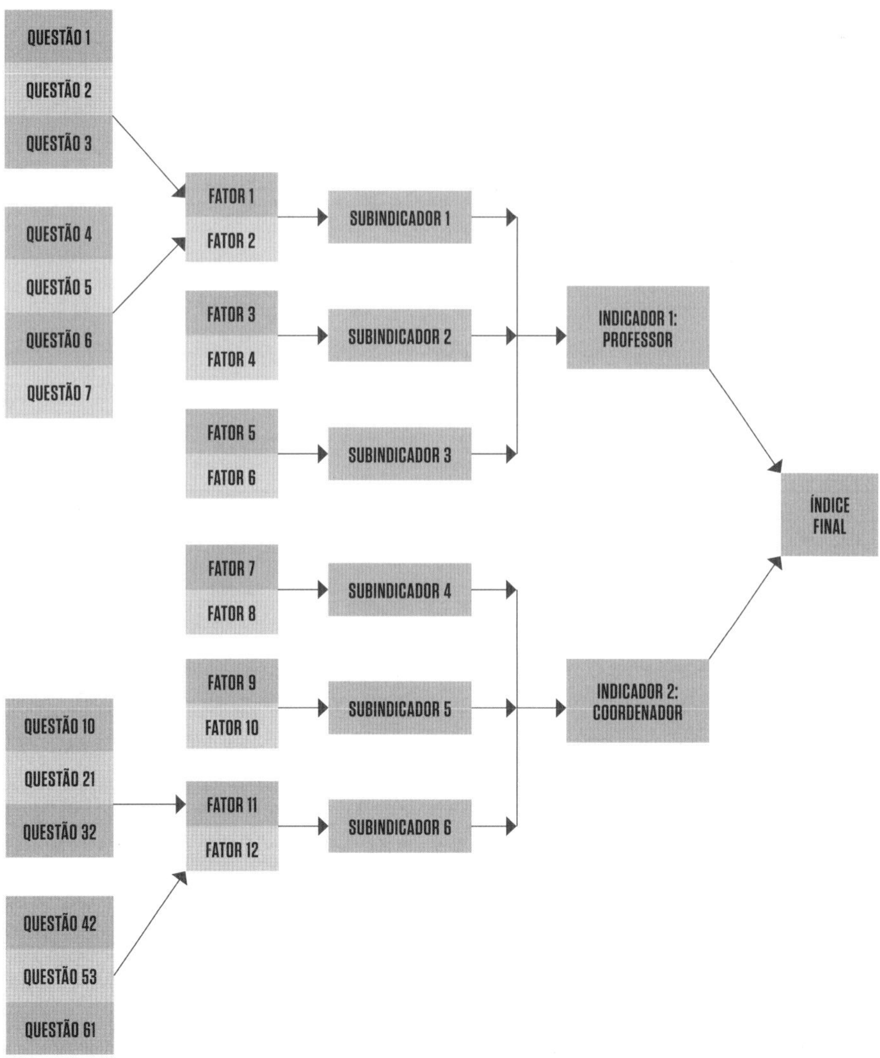

Para dar um exemplo prático desse processo, as questões 7 a 13 do questionário dos professores (a seguir) têm suas respostas recodificadas para valores numéricos: nunca/quase nunca = 0; de vez em quando = 1; sempre/quase sempre = 2. Tais valores são somados e divididos por sete (número total desse bloco de questões). O resultado é o fator "Perfil cultural do professor". Este, por sua vez, é agregado da mesma forma (soma e divisão) a outros fatores para criar um subindicador que, depois de reunido a outros subindicadores, forma o indicador "Professor".

Na sua vida pessoal com que frequência você costuma (marque apenas uma opção):	Nunca/Quase nunca	De vez em quando	Sempre ou quase sempre
7. Ler jornais e/ou revistas de informações gerais	1	2	3
8. Ler livros de literatura	1	2	3
9. Ler revistas de divulgação científica/livros técnicos ou de conteúdo pedagógico	1	2	3
10. Assiste filmes (cinema, DVD, vídeo etc.)	1	2	3
11. Vai ao teatro	1	2	3
12. Ir a museus, exposições, espetáculos de danças, concertos etc.	1	2	3
13. Fazer programas esportivos (assistir jogos, jogar com os amigos)	1	2	3

A decisão sobre quais aspectos devem ser reunidos para responder ao nível seguinte resultou da negociação entre as equipes do Ideca e do Cedac. Da mesma forma, foram atribuídos os pesos a cada indicador para o cálculo do índice. Ao indicador "Aluno", por exemplo, deu-se o peso mais alto, pelo entendimento de que todos os esforços do programa devem necessariamente se traduzir em resultados de aprendizagem.

Em 2007, último ano de seu cálculo, o índice apresentava a seguinte estrutura e pesos:

Âmbito de análise	Fonte de informação	Indicadores	Número resultante
Aluno	Questionário de alunos e prova de língua portuguesa	Habilidades de leitura, escrita e compreensão de texto	0,aaa peso 5
Professor	Questionário de professores, diretores, supervisores e coordenadores	Práticas de sala de aula; concepções sobre os determinantes das dificuldades de aprendizagem dos alunos; concepções sobre o desenvolvimento da oralidade	0,bbb peso 3
Diretor/ Formador	Questionário de professores, diretores, supervisores e coordenadores	Práticas de gestão; apoio aos professores; concepções sobre os determinantes das dificuldades de aprendizagem dos alunos	0,ccc peso 2
Evolução da escola	Questionário de alunos, professores, diretores e supervisores	Qualidade da escola; práticas de gestão compartilhada; gestão para a aprendizagem; fortalecimento do projeto pedagógico	0,ddd peso 1
Articulação com a comunidade	Questionário de professores, diretores e supervisores	Motivação dos pais e comunidade em torno da escola; práticas para inserção dos pais na aprendizagem dos filhos	0,eee peso 1
Oficinas de artes	Questionários de professores, diretores e supervisores	Impacto na prática pedagógica; adequação dos conteúdos e estratégias	0,fff peso 1
Índice do projeto	(0,aaa x 5) + (0,bbb x 3) + (0,ccc x 2) + 0,ddd + 0,eee + 0,fff = soma/13		

A média final é transformada em uma escala de 0 a 10 pontos, para facilitar a visualização. A partir dessa nota, o desempenho dos municípios é dividido em quartis. Como explica Gláucia Novaes:

> Você ordena as notas do menor para o maior e corta em quatro blocos de 25%. Então, você pode ver que no quartil 1, com as notas mais baixas, estão determinados municípios. A partir daí, você faz uma

triangulação com os dados qualitativos para entender esses resultados e dar sugestões.

Essa forma de agrupar os resultados em quartis é à norma, ou seja, comparando os municípios com eles mesmos e considerando as faixas dos seus resultados para determinar os quartis, e não um critério estabelecido pelo pesquisador. Neste último caso, os municípios seriam distribuídos entre os quartis a partir de um parâmetro específico: por exemplo, determina-se que aqueles que tiveram nota até 5 estarão no quartil 1; de 5,1 a 6, no quartil 2; e assim sucessivamente. Seja qual for o caminho escolhido, os quartis permitem visualizar os municípios em seus respectivos patamares de evolução em relação ao conjunto.

É preciso chamar atenção ao fato de que, para a real compreensão dos resultados do índice, é fundamental que sua leitura seja feita considerando cada indicador que o compõe, e não apenas a nota final. Só assim haverá clareza sobre em quais aspectos a organização precisa investir. "Você tem de esmiuçar o índice, caso contrário, não se revelam as forças e fragilidades do projeto em cada um dos indicadores que o compõem", resume Gláucia Novaes.

Outro esclarecimento importante é que o índice é uma estratégia inserida no âmbito da avaliação de resultados, ou seja, uma forma específica de organizar e analisar o desempenho dos municípios. Isso não significa o abandono das outras estratégias de análise conduzidas pelo Ideca — até porque nem todos os aspectos do programa investigados na avaliação de resultados compunham o índice, como a Casa do Professor.

A cada ano, o índice sofria ajustes tanto em seus indicadores quanto na distribuição dos pesos. Isso tem consequências importantes em sua capacidade de construir uma série histórica:

> O programa vai se aperfeiçoando com o tempo. Em 2006, havia perguntas no questionário que, em 2010, já não são mais relevantes, assim como aparecem questões novas a se investigar. Mas quando se cons-

trói um índice, ele tem de ser composto sempre pelas mesmas variáveis, para viabilizar a comparação. Quando uma nova variável é inserida, é preciso passá-la para os anos anteriores como uma constante e recalcular esse índice. Isso representa muitas horas de trabalho. — Gláucia Novaes

O índice mostrou-se uma estratégia muito produtiva para o Cedac e para a Fundação Vale, por trazer insumos objetivos para a tomada de decisão. De acordo com seus resultados, foi possível ao Cedac, por exemplo, repensar a distribuição dos municípios entre as fases do programa.

DESAFIOS

O processo avaliativo do EQV foi um marco na trajetória do Ideca em razão dos desafios metodológicos que representou. Como dar conta de tamanha diversidade de estratégias de intervenção, públicos mobilizados e municípios atendidos, sem abrir mão da acuidade das informações levantadas e da qualidade da análise crítica?

Diante desses fatores, um desafio a se destacar foi a logística envolvida para a pesquisa de campo. Segundo Ghisleine Trigo,

> O grande número de municípios exige a criação de um corpo de consultores que sejam razoavelmente equivalentes em formação. Além disso, traz desafios práticos, como garantir o cumprimento das atividades agendadas em todas as localidades e transportar a enorme quantidade de instrumentos de pesquisa, como provas e questionários.

Vale citar as dificuldades trazidas pela dependência da internet para o envio dos relatórios de monitoramento das coordenadoras locais e regionais. Em muitos dos municípios participantes, o acesso à web é irregular, o que interferiu no cumprimento de alguns cronogramas.

Não há dúvidas, no entanto, de que o principal desafio foi a construção do índice de evolução. O ineditismo da experiência teve seu peso:

> O índice foi uma criação. Criamos um modelo que não existia. Por isso, todo o processo foi bastante desafiador: quais dados incluir na composição do índice sem desrespeitar a complexidade do programa, quais pesos estabelecer para cada um deles, como analisar esses resultados. — Simone Coelho

O índice exige que o avaliador lide com aspectos intrínsecos à sua realização, como a possibilidade de vício nas respostas dos entrevistados:

> Um desafio importante é garantir a fidedignidade da informação. Porque quando você constrói o índice pela primeira vez, com base nas opiniões que foram expressas nos instrumentos de pesquisa, os entrevistados não sabem como esses dados serão usados. Na segunda vez, eles já começam a perceber certas questões, como o peso que alguns aspectos têm no cálculo do índice; então, as respostas começam a ser muito favoráveis ao próprio trabalho, por exemplo. Na terceira vez, a sua desconfiança sobre a qualidade das respostas é maior ainda. É preciso estar sempre atento a isso. — Gláucia Novaes

Outro ponto de atenção é o uso político do índice. Isso se manifesta principalmente no desenho de sua composição e nos pesos de cada indicador, tarefas vulneráveis a manipulações. Uma vez que baliza a tomada de decisões, o índice deve ter um compromisso maior com a evolução da ação social, e não se transformar em uma ferramenta a serviço de relações de poder.

APRENDIZAGENS

Se os desafios foram muitos, as aprendizagens vieram em igual medida. Como relembra Simone Coelho, a experiência com a avaliação do EQV foi fundamental para o instituto construir muitas das estratégias metodológicas que hoje estão na base de sua atuação:

> A avaliação do programa Escola Que Vale foi um laboratório para o Ideca. Foi ali que começamos a desenvolver estratégias que ainda hoje utilizamos nas nossas avaliações, como construir provas parametrizadas com o SAEB e a Prova Brasil, fazer uma pesquisa contextualizada, desenvolver um modelo de avaliação processual, construir um índice de evolução. Foi uma experiência riquíssima.

Uma primeira lição a ser compartilhada diz respeito à necessidade de a avaliação manter-se sempre atenta às evoluções do projeto — caso contrário, estará fadada à irrelevância:

> Acompanhar uma ação social durante um longo período é uma desvantagem se você se acomoda e não tem o compromisso de seguir a dinâmica desse projeto. Observando a avaliação do EQV, houve uma evolução nas estratégias avaliativas, e isso não foi uma demanda apenas de quem contratou o Ideca. Essa é uma preocupação do próprio instituto, para que a avaliação acompanhe e responda às mudanças de um programa de longa duração. Como avaliador, você não pode nunca se acomodar e continuar fazendo aquilo que foi definido cinco anos atrás, em um cenário que mudou muito nesse período.
> — Ghislene Trigo

No que se refere ao índice de evolução, a ferramenta se comprovou muito adequada para um programa como o EQV, especialmente por sua natureza estratégica, como aponta Simone Coelho:

> A vantagem do índice é que ele permite uma sistematização e visualização das informações de modo a garantir agilidade nas decisões. Você vê rapidamente onde tem de intervir. E o índice também facilita a interlocução entre os municípios. Se há uma localidade que está indo muito bem em um aspecto, é possível promover encontros e trocas de experiência entre elas.

A lição mais importante sobre o índice, porém, diz respeito ao outro lado da moeda: compreender suas limitações para fazer um bom uso dele. É preciso ter clareza de que um índice não é capaz de captar o processo de desenvolvimento da ação social, dada sua natureza quantitativa. Por isso, é indispensável a aliança com os dados qualitativos trazidos pela pesquisa de campo e pela avaliação processual, para contextualizar seus resultados.

Em relação à sua construção propriamente dita, para garantir a pertinência da ferramenta, é preciso total conhecimento sobre o programa e domínio sobre suas estratégias e valores. Isso se dá porque é possível que um peso atribuído a determinado indicador esteja equivocado e crie distorções nas médias finais, o que só é possível identificar se você conhece a realidade da ação social. Segundo Ghisleine Trigo,

> Construir um índice como esse envolve uma conversa íntima entre a parte pedagógica e a parte estatística. Porque você faz uma hipótese, roda a análise estatística e precisa ter senso crítico para avaliar se aquela é uma boa leitura da realidade. Você roda um índice inúmeras vezes até chegar a um resultado compatível com o que a pesquisa de campo e o monitoramento mostram. E só se consegue rodar o índice e avaliar sua pertinência quando se construiu uma boa leitura dessa realidade e se tem clareza de seus elementos constitutivos.

Ainda sobre o índice, vale destacar que ele é mais adequado para a avaliação de um mesmo projeto em um longo período, já que cria a comparação entre séries temporais. Para um processo avaliativo restrito a um ano, ainda que a construção de um índice seja possível, estratégias mais simples e pontuais são igualmente eficientes.

É importante dizer, por fim, que esse processo avaliativo reforçou uma crença fundamental do Ideca: a importância de uma relação de parceria com a organização avaliada. Foi essa cooperação que permitiu ao Ideca explorar novas estratégias avaliativas e assumir um papel diferenciado, como explica Simone Coelho:

> Acompanhar um mesmo programa por um longo tempo permite que você conheça o projeto cada vez mais a fundo e crie um fluxo do impacto da avaliação nos seus procedimentos. Isso cria um círculo vicioso positivo. Nós éramos um braço da gestão, não um prestador de serviços. E fomos criando uma relação inclusive com os professores, que atuam na ponta. Eles passaram a ver o Ideca não como o inimigo que vai até o município para jogar pedra, mas como pessoas importantes para o seu processo de trabalho.

Como resume Ghisleine Trigo: "A experiência com a avaliação do EQV foi um verdadeiro privilégio".

DEPOIMENTO

Na Comunidade Educativa Cedac, sempre fomos a favor da avaliação. Mas é inegável que o processo avaliativo sempre vem acompanhado de alguma apreensão. Afinal, queremos acertar, e a descoberta de erros e necessidades de ajustes muitas vezes pode ser dolorosa, ainda que sabidamente necessária.

O Ideca foi o nosso primeiro grande parceiro nessa jornada. Esse processo avaliativo sempre trouxe compromisso e muitas inquietações sobre o que e como avaliar e, posteriormente, como fazer uso dos aspectos apontados pela avaliação. O olhar que construímos a partir do diálogo com o Ideca é uma marca que temos até hoje: atuar de modo sistêmico, considerando todas as esferas que impactam na aprendizagem dos alunos, e avaliar as ações continuamente, em coerência com o princípio da ação-reflexão-ação.

Tereza Perez

Diretora-presidente da Comunidade Educativa Cedac

* * *

Área temática: Esporte

Projeto avaliado: Programa Esporte Cidadão Unilever

Instituições: Instituto Compartilhar, Instituto Esporte & Educação (IEE) e Unilever

Período da avaliação: De 2002 a 2010

Local: Municípios do Paraná, Rio de Janeiro e São Paulo

O PROJETO

O Programa Esporte Cidadão Unilever foi o resultado de uma trajetória conjunta envolvendo o Instituto Compartilhar, atuante no Paraná; o IEE, em São Paulo e Rio de Janeiro; e a companhia de bens de consumo Unilever.

Seu início data de 1997, quando a marca Rexona (do portfólio da Unilever) começou a desenvolver um trabalho de investimento social privado na área de esporte. Em Curitiba, então sede do time profissional de vôlei Rexona, a empresa mantinha o Centro de Excelência do Voleibol. Coordenado pelo técnico Bernardinho em parceria com o governo do estado do Paraná, o centro era voltado para a inclusão social de crianças e jovens de baixa renda por meio do ensino da modalidade.

Paralelamente a isso, em 2001, a atleta Ana Moser deu início à fundação do Instituto Esporte & Educação (IEE), com atuação inicial em Heliópolis, comunidade de São Paulo. Por meio de uma parceria com a associação de moradores da União de Núcleos, Associações dos Moradores de Heliópolis e Região (Unas) e financiamento da Unilever, o IEE começou a dar aulas de vôlei para crianças e jovens da comunidade a partir de uma perspectiva social, com o objetivo maior de contribuir para a formação de cidadãos críticos e participativos mediante a educação física e o esporte.

Em 2004, o time de vôlei feminino do Rexona foi transferido de Curitiba para o Rio de Janeiro. O Instituto Compartilhar, fundado no ano anterior por Bernardinho e que já contava com o apoio financeiro da Unilever, assumiu então a operação do trabalho antes mantido pelo Centro de Excelência do Voleibol. Em parceria com secretarias estaduais do Paraná, o Compartilhar mantinha núcleos na capital e interior. Os professores, a maioria do quadro da rede pública, recebiam formação na metodologia desenvolvida pelo instituto visando ao ensino do esporte aos jovens, bem como de valores potencializados pela prática, como cooperação, respeito e autonomia.

No ano seguinte, a Unilever decidiu priorizar uma abordagem mais social em seu investimento na área esportiva, demandando dos institutos apoiados um alinhamento nesse sentido. Estes passaram a dedicar-se à sistematização de metodologias próprias no ensino do vôlei como ação social; ainda que tivessem os mesmos objetivos, Compartilhar e IEE atuavam por meio de estratégias particulares. Abrigados sob um mesmo guarda-chuva de apoio da Unilever, os institutos mantiveram-se autônomos durante todo o programa.

Ao longo dos anos, Compartilhar e IEE dedicaram-se ao refinamento de suas práticas, com a expansão para novos núcleos nos estados do Paraná, São Paulo e Rio de Janeiro. A estrutura de ambos era similar, formada por coordenadores gerais, coordenadores pedagógicos, coordenadores regionais, subcoordenadores, professores e estagiários, mobilizados em reuniões de formação semanais. Anualmente, cada instituto realizava o Internúcleos, evento que reunia alunos de seus núcleos não só para competir, mas também para trocar experiências. Durante dois anos, a etapa final do evento no Paraná contou com a participação de alunos do IEE.

Em 2009, o programa passou a ser gerenciado pela área corporativa da Unilever, e não mais por uma de suas marcas. No ano seguinte, diante de mudanças em sua gestão interna, a empresa deixou de financiar o programa no IEE, mantendo-o no Paraná.

Tanto o Instituto Compartilhar quanto o IEE seguem em atividade com outros projetos.

HISTÓRICO DA AVALIAÇÃO

A participação do Ideca na avaliação do trabalho desenvolvido pelos institutos teve início em 2002. Na ocasião, Ana Moser procurou o Ideca com a intenção de que este contribuísse para a idealização das ações do IEE, a partir de um olhar avaliativo. Nas reuniões pedagógicas do novo instituto, o Ideca trazia provocações para estimular a reflexão sobre o que significa uma intervenção social via o esporte. Como resultado dessa construção coletiva, o IEE definiu a linha de base para sua atuação.

No fim de 2004, o Ideca, paralelamente à orientação técnica, realizou a avaliação de resultados do trabalho do IEE. As conclusões desse processo avaliativo foram apresentadas à Unilever, que, reconhecendo o valor da experiência, pediu ao Ideca a mesma avaliação de resultados para os núcleos mantidos pelo Instituto Compartilhar. Uma vez realizada a pesquisa, a análise mostrou a eficiência de suas estratégias na formação de atletas, o que era compatível com o propósito central do instituto sediado no Paraná.

Diante dos resultados desses dois caminhos possíveis para projetos em esporte, a Unilever decidiu focar no aspecto social e educacional do vôlei, priorizando questões relativas a valores e competências sociais. A companhia pediu então ao Ideca que orientasse um ajuste de estratégias das ações apoiadas. A intenção era que ambos os institutos, cada um de sua forma, passassem a investir cada vez mais na abordagem formativa, utilizando o vôlei como um meio, e não um fim em si mesmo.

Especialmente para o Instituto Compartilhar, que não trabalhava diretamente com o Ideca, isso significou um processo interno de debates e reconstrução coletiva, visando potencializar ainda mais o aspecto social de seu projeto. O Ideca também continuou seu papel de assessoria técnica junto à coordenação do IEE, principalmente no que se refere às reflexões relacionadas à formação dos professores em sua função social. Além disso, o instituto contribuía para as reuniões da coordenação da área de investimento social privado da Unilever, a quem, em última instância, o Ideca respondia.

Ao longo de todo o processo, o Ideca realizou a avaliação processual e de resultados de todos os núcleos financiados pela Unilever, complementadas pelo marco zero para novos núcleos. A partir de 2005, a pedido da empresa, o Ideca passou a desenvolver também um índice de evolução, inicialmente apenas para os núcleos de São Paulo. Desde 2006 até 2009, quando foi feito pela última vez, o índice considerou também os núcleos do Paraná e do Rio de Janeiro.

Ao longo dos anos, o Ideca avaliou os seguintes núcleos:

- São Paulo: E.M.E.F. Carlos Pasquale, CEU Curuçá, CEU Veredas, Heliópolis, Jardim São Luís e Marechal Tito (todos na cidade de São Paulo); Habiteto, E.M. Inês Cesarotti, E.M. Prof. Irineu Leister, Jardim Ipiranga, Jardim Vera Cruz e Vila Nova Esperança (em Sorocaba); San Francisco e Afonso Zupardo (ambos em Itatiba); Francisco Meirelles, Indaiatuba, São Carlos e Vinhedo, sob coordenação do IEE.
- Rio de Janeiro: Alemão, Gamboa, Maré, Sesc Tijuca e Vila Olímpica Mestre André (todos na cidade do Rio de Janeiro), sob coordenação do IEE;
- Paraná: CCE e Tuiutí (em Curitiba), Apucarana, Cascavel, Campo Largo, Campo Mourão, Castro, Cianorte, Cornélio Procópio, Engenheiro Beltrão, Foz do Iguaçu, Francisco Beltrão, Guarapuava, Ibaití, Leôncio Corrêa, Loanda, Londrina, Maringá, Pato Branco, Paranavaí, Pitanga, Ponta Grossa, Polivalente, Toledo e União da Vitória, sob coordenação do Instituto Compartilhar.

METODOLOGIA DA AVALIAÇÃO

Ferramenta essencial em qualquer processo avaliativo, o quadro lógico teve aqui um papel ainda mais importante, uma vez que firmou o ajuste de objetivos de dois institutos distintos. Para a construção do novo marco lógico, o Ideca realizou uma oficina com as coordenações do Compartilhar e do IEE, identificando valores, princípios e objetivos comuns a eles. A partir desse mesmo ponto de chegada, cada instituição desenvolveu estratégias próprias de ação.

Já que os objetivos e as metas das ações sociais eram os mesmos, também o eram os objetivos da avaliação e os indicadores. Dessa forma, o Ideca pôde utilizar instrumentos de pesquisa comuns para o marco zero, monitoramento e avaliação de resultados do Compartilhar e do IEE. Foi também esse alinhamento que permitiu a construção de um único índice de evolução para os dois institutos, como discutiremos a seguir.

Marco zero

O marco zero era realizado no momento de implantação de novos núcleos. O objetivo era traçar um perfil inicial de alunos e professores, criando um parâmetro de comparação para a avaliação de resultados. Para tal, os instrumentos utilizados eram:

- questionário para professores e alunos;
- matriz de coordenação motora dos alunos (conforme modelo de cada instituto).

Os questionários aplicados procuravam mapear o perfil socioeconômico dos públicos, bem como as práticas didáticas dos professores. Já as matrizes investigavam as habilidades esportivas dos jovens.

Vale destacar ainda o aperfeiçoamento da ficha de entrada de novos alunos, com todos os seus dados cadastrais. Dessa forma, os institutos poderiam ter mais controle sobre o número de alunos em cada núcleo, o fluxo de entrada e de saída de estudantes e o histórico de cada jovem.

Avaliação processual

Conforme as ações de ambos os institutos foram sendo desenvolvidas, a avaliação processual mostrou-se especialmente necessária, uma vez que o próprio conceito de esporte educacional estava em plena discussão, revisitando-se estratégias e metodologias que atingissem os objetivos propostos de maneira adequada. Ambos os institutos desenvolviam formas próprias para o desenvolvimento do trabalho, e sua incorporação pelos professores precisava ser acompanhada.

Por meio do monitoramento do Ideca, as equipes dos institutos e da Unilever tinham um acompanhamento padrão para todos os núcleos. Os caminhos desenhados para tal foram os seguintes:

Monitoramento externo

Com os institutos, o Ideca desenvolveu instrumentos de monitoramento para que os diferentes públicos participantes pudessem reportar, de maneira organizada e periódica, ações, avanços e dificuldades de seus respectivos núcleos. Esses instrumentos foram feitos com base naqueles que os institutos já utilizavam internamente, visando otimizar os esforços dos profissionais.

Os relatórios eram preenchidos trimestralmente pelos coordenadores gerais, coordenadores pedagógicos, subcoordenadores e professores dos núcleos, e enviados por *e-mail* ao Ideca. No caso dos professores, além do relato das atividades, eram preenchidas matrizes de avaliação da coordenação motora dos alunos, conforme modelo de cada instituto.

Com base nesses insumos, o Ideca construía relatórios de análise para o financiador e a coordenação geral dos respectivos institutos, com comentários, observações e sugestões sobre as ações desenvolvidas. Inicialmente, essas devolutivas eram bimestrais, mas, a partir de 2007, tornaram-se trimestrais. No ano seguinte, outra mudança: a Unilever criou um sistema de monitoramento *on-line*, que permitia aos públicos o preenchimento dos mesmos instrumentos, agora diretamente na internet.

Ao longo de toda a avaliação processual, o Ideca promoveu formações e desenvolveu manuais para auxiliar coordenadores e professores no preenchimento dos instrumentos. Eram discutidas as características de um bom relatório, como o registro de dados claros e detalhados, para que o Ideca pudesse fazer uma análise condizente. Os instrumentos também passavam por reajustes anuais, para manter-se atualizados às mudanças de dinâmica dos projetos.

Monitoramento interno

Como dito, ambos os institutos já possuíam mecanismos internos de monitoramento das suas ações. Coube ao Ideca auxiliar na padronização e na sistematização do uso desses instrumentos, inclusive para garantir que dialogassem com o monitoramento externo.

Ao orientar os institutos na consolidação de formas próprias de avaliação processual, o objetivo do Ideca foi estimular a criação de autonomia nesse processo reflexivo. Para tal, foram realizadas oficinas com a coordenação dos institutos sobre a elaboração e a implantação de registros e procedimentos de monitoramento.

Visitas periódicas aos núcleos

Outra estratégia adotada de acompanhamento das atividades era a realização de visitas periódicas aos núcleos. Consultores do Ideca iam mensalmente a núcleos selecionados em São Paulo, Rio de Janeiro e Paraná, faziam observações de aulas e participavam das formações com os professores e das reuniões com os coordenadores.

Para definir quais locais seriam visitados e em qual cronograma, o Ideca reunia-se trimestralmente com a coordenação de ambos os institutos. Os critérios de escolha variavam: o desempenho no índice de evolução, priorizando os melhores e os piores resultados; núcleos novos no programa; ou pedidos específicos dos próprios coordenadores sobre núcleos que consideravam precisar de um olhar mais cuidadoso.

Avaliação de resultados

Ao longo dos anos, a avaliação de resultados seguiu um mesmo modelo, com ajustes periódicos nos instrumentos. Seus objetivos se mantiveram os seguintes:

- recuperar a história de desenvolvimento do programa e as especificidades de cada núcleo dentro do período;
- caracterizar os beneficiários, destacando as diferenças entre as populações atendidas em cada núcleo;
- identificar, caracterizar e qualificar as ações globais do programa, bem como as específicas de cada núcleo;
- caracterizar as equipes pedagógicas e seus processos de planejamento, integração e implementação da metodologia construída;
- identificar problemas comuns aos núcleos;

- avaliar o desempenho dos alunos quanto a competências e habilidades cognitivas, socioafetivas e psicomotoras trabalhadas no programa;
- identificar os processos de integração dos núcleos nas comunidades em que atuavam.

De modo geral, as pesquisas de campo realizadas contaram com os seguintes instrumentos:

- questionário para os diferentes níveis de coordenadores, subcoordenadores, professores, estagiários e alunos (a partir de nove anos);
- matriz de avaliação de desempenho dos diferentes níveis de coordenadores, subcoordenadores, professores e alunos (a partir de seis anos);
- roteiro de entrevista ou grupo focal com representante da parceria com Secretaria Estadual (no caso do Paraná), os diferentes níveis de coordenadores, subcoordenadores, professores, alunos e pais;
- roteiro de observação de uma dinâmica de jogo.

Visando diminuir os custos da avaliação de resultados, o Ideca desenvolveu uma logística na qual apenas determinado número de núcleos nos três estados era visitado presencialmente pelos consultores, ocasião em que eram realizados grupos focais, entrevistas e observação de dinâmicas. Para o restante, os questionários e matrizes eram enviados por correio e devolvidos ao Ideca da mesma forma, no período de 45 dias.

As matrizes de avaliação de desempenho foram criadas em conjunto pelo Ideca e os institutos para dar conta da especificidade de um projeto social em esporte. Partiam da atribuição de notas: 1 (insatisfatório), 2 (regular) e 3 (satisfatório) para cada um dos seguintes aspectos:

Aspectos investigados nas matrizes de avaliação de desempenho

<table>
<tr><th>Instrumento</th><th>Respondido por</th><th>Aspectos investigados</th></tr>
<tr><td rowspan="4">Matriz de autoavaliação</td><td rowspan="4">Coordenadores e professores</td><td>Compromisso (assiduidade, cumprimento de prazos etc.).</td></tr>
<tr><td>Postura pedagógica (planejamento de aulas, sistematização de registros etc.).</td></tr>
<tr><td>Trabalho em equipe (flexibilidade, liderança etc.).</td></tr>
<tr><td>Relação com os pais dos alunos.</td></tr>
<tr><td>Matriz de avaliação de desempenho de coordenadores, subcoordenadores e professores</td><td>Coordenadores gerais, coordenadores pedagógicos e subcoordenadores</td><td>Mesmos elementos anteriores, em cascata: coordenadores gerais sobre desempenho dos coordenadores pedagógicos, estes sobre subcoordenadores e estes sobre professores.</td></tr>
<tr><td rowspan="4">Matriz de avaliação de desempenho dos alunos</td><td rowspan="4">Professores</td><td>Indicadores cognitivos (conhecimentos do jogo, aplicação dos conhecimentos adquiridos à prática e autonomia).</td></tr>
<tr><td>Indicadores atitudinais (autoconfiança, respeito às regras e contratos e relação com grupos e pessoas).</td></tr>
<tr><td>Indicadores motores:
6 a 8 anos: correr, saltar, rolar, receber e rebater (para IEE);
9 a 10 anos: arremessar, rolar e receber a bola; correr, saltar e rebater a bola; arremessar, correr e receber a bola (para IEE); saque por baixo e toque (pontos-chave) (para Compartilhar);
11 a 14 anos: saque, manchete, toque, cortada e bloqueio (para ambos).</td></tr>
<tr><td>Participação em eventos</td></tr>
</table>

A partir de 2008, os questionários dos professores passaram a incluir estudos de caso. Por meio de questões abertas, o Ideca pedia ao docente que criasse exemplos sobre como ele abordaria determinadas questões em quadra — por exemplo, a diversidade de gênero —, uma forma de verificar a incorporação da metodologia do respectivo instituto por seus profissionais. A correção dessas questões era feita em conjunto pela equipe do Ideca com professores dos dois institutos, divididos em duplas mistas (um professor do IEE e outro do Compartilhar), seguida por uma discussão coletiva das melhores práticas.

Índice de evolução

Diante de um número amplo de núcleos, tornou-se interessante para o financiador uma mensuração quantitativa que permitisse tanto a comparação dos desempenhos quanto a identificação dos aspectos que respondem pelos bons resultados. Como explica Cintia Filpo,

> Com o índice, compõe-se uma série histórica. Que tipo de trabalho desenvolvem os núcleos que se mantêm sempre nas melhores posições? Quais são os seus diferenciais? Quando você tem diversos olhares sobre o mesmo programa — Unilever, Ideca, institutos —, é importante, por um lado, ter uma forma de justificar os resultados objetivamente, compreendendo o que é feito naquele local para que o desempenho seja positivo ou negativo; e, por outro, quantificar esses dados em valores numéricos, com a visualização imediata dos resultados dentro de uma lógica cultural de 0 a 10.

A construção do índice seguiu os mesmos passos descritos para o Programa Escola Que Vale. Aqui, porém, ao contrário do EQV (no qual todos os municípios trabalhavam a partir das mesmas estratégias), os indicadores centraram-se nos objetivos e metas a serem alcançados, aspectos que o Compartilhar e o IEE tinham em comum.

Para garantir que ambos os institutos reconhecessem o índice como legítimo para a avaliação de suas metodologias, ambas as coordenações foram mobilizadas para a tarefa de definir os indicadores que compõem o índice e seus respectivos pesos. Também a apresentação dos resultados em seminários anuais e a revisão do índice a cada novo ciclo eram feitas com a presença de todos, em um processo participativo.

Em sua versão final, a estrutura do índice era a seguinte:

Composição do índice de evolução

Âmbito de análise	Universo	Fonte de informação	Indicadores	Número resultante
Aluno	Todos os alunos	Questionário de alunos e matriz de avaliação dos professores	Comportamento em situações cotidianas do núcleo, inserção nas atividades	a,0 peso 5
Professor	Todos os professores	Questionário de alunos, coordenadores e professores, matriz de autoavaliação	Postura profissional, relação com grupos e pessoas, formação profissional, prática pedagógica, planejamento, organização do trabalho, práticas de avaliação, trabalho coletivo, diversificação do currículo, relação com pais e alunos	b,0 peso 3
Coordenador	Todos os coordenadores	Questionário de coordenadores e professores, matriz de autoavaliação	Postura profissional, relação com grupos e pessoas, formação profissional, gestão pedagógica, formação continuada de professores, planejamento, práticas de avaliação, diversificação do currículo, gestão administrativa e relação com pais	c,0 peso 2
Comunidade	Comunidade do núcleo/pais	Questionário de professores e coordenadores	Ações que integram e atendem às demandas da comunidade de entorno	d,0 peso 1
Índice do projeto	(a,0 x 5) + (b,0 x 3) + (c,0 x 2) + d,0 = soma/11			

Em 2009, diante da necessidade de cortes no número de núcleos participantes do programa, o índice foi utilizado pelos institutos e Unilever como parâmetro para a tomada de decisão.

Orientação técnica

Um diferencial desse processo avaliativo, a orientação técnica prestada pelo Ideca à Unilever e aos institutos, desenvolveu-se ao longo de todo o programa, principalmente por meio de formações e oficinas presenciais realizadas durante as visitas mensais que os consultores do Ideca faziam aos núcleos como parte da estratégia de monitoramento. Nesses encontros, eram discutidos conceitos, textos, imagens e situações-problema com a intenção de estabelecer reflexões que ajudassem os professores e/ou coordenadores de cada instituto a construir uma abordagem social a partir de sua prática no esporte.

O principal objetivo de tais reuniões era oferecer aos profissionais um olhar crítico sobre o seu trabalho, mostrando outras formas de fazer e estimulando, por intermédio de debates e argumentações, a construção de estratégias próprias de atuação. A cada encontro, retomavam-se os objetivos desse trabalho, o papel do Ideca no processo e os rumos a se tomar a partir dali. Para tal, a contratação por parte do Ideca de consultores com histórico de atuação no ensino do esporte e no vôlei profissional mostrou-se de extrema importância.

O trabalho de formação com os profissionais dos institutos nesse molde presencial durou cerca de três anos — de 2005 a 2007. No período, foi criada uma relação de confiança e troca entre o Ideca e os professores e coordenadores dos institutos. A partir de 2008, a periodicidade dessas formações diminuiu, priorizando-se a avaliação processual para o acompanhamento das ações.

DESAFIOS

Um primeiro desafio desse processo avaliativo diz respeito ao ineditismo da experiência para os professores e os coordenadores mobilizados. Em sua imensa maioria, os profissionais não tinham a prática da avaliação em seu trabalho cotidiano de educação física. Essa falta de intimidade fez-se sentir, por exemplo, na dificuldade de preenchimento dos instrumentos, como explica o consultor Victor Barreto:

> Os instrumentos registram o olhar do professor que os redige, e muitas vezes eles não davam importância para certas situações que são relevantes para a avaliação, mas que para eles são cotidianas. Depois que fizemos uma formação específica sobre a importância de registrar informações claras, começaram a aparecer os resultados que antes eram deixados de lado. E por isso é fundamental construir instrumentos autoexplicativos, fáceis e amigáveis, que não dificultem o trabalho de quem os preenche. Isso é um grande desafio.

Também para o Ideca esse processo trouxe novas questões: como avaliar uma prática educativa que se dá na quadra, e não na sala de aula? De acordo com Simone Coelho, essa foi a principal pergunta que o instituto teve de responder para conduzir uma avaliação eficiente:

> Nós tivemos de mudar totalmente as nossas estratégias avaliativas, porque não se tratava mais de língua portuguesa e matemática. Continuava sendo um projeto de educação, mas de outro nível, com uma intangibilidade grande, sobre valores, construção de autonomia, proatividade. Os pressupostos são outros, portanto as estratégias têm de ser outras.

Trata-se de um tema para o qual não há parâmetros nacionais, como o SAEB e a Prova Brasil. Coube ao Ideca, em parceria com os institutos, construir seus próprios critérios para avaliar a evolução de alunos, professores e coordenadores:

> Não existia um modelo para um índice em um projeto social esportivo. Trata-se de uma construção que foi sendo feita ao longo do processo, assim como a matriz de avaliação de desempenho dos alunos. Como desenvolver testes ou instrumentos que dão conta de medir o que eles faziam? — Cintia Filpo

No caso do índice, para além dos desafios discutidos no estudo de caso do Programa Escola Que Vale — também procedentes aqui —, uma importante questão se impôs: contemplar em um mesmo conjunto de indicadores duas metodologias diferentes, de maneira a construir um índice que atendesse a ambas, sem ignorar suas especificidades.

Cabe apontar ainda uma última particularidade importante desse trabalho. Uma vez que a Unilever confiava integralmente no processo avaliativo conduzido pelo Ideca, as recomendações feitas nos relatórios eram validadas pela empresa; além disso, como o instituto não realizava apenas avaliações de resultado, mas também monitorava o processo, acabou se tornando um importante braço de gestão do programa. Essa situação trouxe um desafio: construir junto aos profissionais de ambos os institutos uma relação de parceria e confiança, ou seja, fazê-los entender a avaliação como instrumento de desenvolvimento do seu próprio trabalho, e não um mero controle técnico.

Assim, foi fundamental promover ao longo de todo o tempo um processo relevante e produtivo para todos os envolvidos, desmistificando, como explica Cintia Filpo, qual o papel da avaliação em um trabalho como esse:

> Para a maioria das pessoas, a avaliação traz embutido um sentido de seleção e exclusão: apto ou não apto, aceito ou não aceito. A pessoa precisa enxergar o avaliador como alguém capaz de ajudá-la positivamente, dentro de uma proposta. Por isso, a questão que se coloca é: o que fazer com os resultados da avaliação? Nós sempre trabalhamos no sentido de não crucificar processos, mas ajudar a construir caminhos diferentes; olhar para um professor que está com um pouco mais de dificuldade e oferecer ajuda. Entender, enfim, que essa é a natureza do processo educacional, e que ele leva tempo.

APRENDIZAGENS

As importantes contribuições trazidas pela avaliação para o desenvolvimento de ambos os institutos comprovam a necessidade de atrelar o processo avaliativo ao próprio projeto. Se usada como ferramenta de gestão, a avaliação alavanca processos e evolui junto com a ação, cumprindo, enfim, seu potencial. Segundo Victor Barreto,

> Na minha opinião, esse processo de trabalho foi o maior exemplo de como a avaliação pode ser um instrumento de desenvolvimento de um projeto. Como ela pode ser útil para o profissional que está sendo avaliado, para ele se pautar, mudar sua prática, se questionar e criar novas possibilidades. E foi uma lição também de como a avaliação deve acompanhar as mudanças da ação social. Uma avaliação não pode ser fixa e imutável; ela tem de evoluir junto com o projeto.

Principalmente em um processo que envolve uma reformulação da ação social, a avaliação é estratégica, dada sua capacidade de manter os atores engajados e atentos às novas práticas pedagógicas incorporadas ao projeto. De acordo com Gláucia Novaes:

> Quando são criados manuais, cadastros e outros instrumentos, você começa a mostrar quais variáveis são consideradas para qualificar o projeto. Por exemplo, começamos a introduzir perguntas no questionário do professor como: quantas horas você gasta no planejamento das aulas? Quantas horas você gasta em atividades em conjunto com os coordenadores? Ou seja, aspectos pedagógicos que não necessariamente eram considerados dentro do esporte. Assim, você leva as pessoas a pensarem nas suas práticas e aponta direções para onde o trabalho poderia caminhar, e elas começam a compreender o que é importante.

Nessa jornada, o apoio e o respaldo que o Ideca recebeu da Unilever foram imprescindíveis. Da mesma forma, sem a legitimidade que as equipes do Compartilhar e do IEE foram conferindo ao trabalho do Ideca, os resultados positivos não teriam sido obtidos. Aqui, cabe chamar atenção para duas aprendizagens fundamentais. A primeira reforça uma diretriz central do Ideca: o profundo respeito ao trabalho construído pela organização avaliada:

> O cuidado de não desrespeitar um trabalho que vem sendo desenvolvido deve ser total. É preciso entender que, muitas vezes, determinados processos são construídos porque essa é a única forma que se entende possível. Mostrar uma outra maneira de fazer foi o diferencial nesse trabalho. Você não pode jamais chegar em uma organização e julgar os seus processos. Você não pode tirar tudo e não colocar nada no lugar. — Cintia Filpo

A segunda aprendizagem diz respeito à importância de garantir estratégias e espaços de construção coletiva, para que todos os envolvidos se apropriem da avaliação. Como explica Gláucia Novaes:

> Na minha opinião, essa experiência foi exemplar no sentido de que ela foi se desenvolvendo e se aprimorando com a participação de todos. Nunca houve uma postura do tipo: "eu sou o avaliador, eu crio um instrumento, você vai respondê-lo e eu vou definir se a sua prática é boa ou não". Em todo momento, havia o referendo das equipes de ambos os institutos.

A própria metodologia avaliativa, como lembra Victor Barreto, foi colocada para discussão coletiva:

> A cada ano, realizávamos um encontro para apresentar os resultados dos núcleos, mas havia igualmente uma discussão epistemológica não só do processo em cada instituto, como também da própria avaliação. Os coordenadores questionavam pontos que, na opinião deles, deveriam ser adaptados ou alterados, e nós acatávamos alguns aspectos. Tentávamos construir coletivamente um formato de avaliação que fosse validado por ambos os institutos, porque tinha de servir a todos.

Por fim, na opinião de Simone Coelho, uma última lição a se compartilhar:

> A grande aprendizagem desse processo é que, ao avaliar um projeto social em esporte, é necessário realizar também uma orientação técnica. Porque em alguns casos, os projetos de esporte não têm um olhar social, e apenas ensinam uma prática esportiva. Se as questões pedagógicas e formativas não são trazidas e parte-se para a avaliação das ações, o resultado esportivo pode ser bom, mas o impacto social será reduzido.

DEPOIMENTO

A experiência com o Ideca possibilitou ao IEE conhecer o valor da avaliação, especialmente em projetos sociais. A partir do conhecimento adquirido sobre a obrigatoriedade de estabelecer uma lógica sistêmica entre objetivos, metas, indicadores e instrumentos de avaliação, pudemos qualificar a elaboração de nossos projetos e dimensionar os resultados e impactos de forma planejada, utilizando a avaliação como ferramenta de gestão das ações.

Reconhecemos no Ideca o diferencial de construir processos avaliativos em parceria com a instituição avaliada de maneira democrática e clara, o que favorece um processo interno de debates e construção coletiva da instituição sobre seus princípios, missão, objetivos e ações. Desenvolvemos *expertise* em avaliação de projetos sociais, e diversos instrumentos criados pelo Ideca serviram de base para diferentes formatos de registro das ações dos projetos que existem hoje no IEE.

Ana Moser
Presidente do Instituto Esporte & Educação

DEPOIMENTO

O trabalho do Ideca contribuiu muito para consolidar a cultura de avaliação da equipe do Instituto Compartilhar — em especial, o processo contínuo de reflexão crítica sobre a prática e a gestão voltadas para resultados sociais. A construção conjunta entre os institutos e a Unilever de objetivos e indicadores da avaliação favoreceu o aprendizado sobre o desenvolvimento de projetos sociais e o fortalecimento da parceria, respeitando as diferentes lógicas e interesses dos parceiros.

Foi um processo doloroso para todos nós, pois implicou repensar e reconstruir conceitos e visões acerca de projetos socioesportivos. A partir daí, a equipe do Compartilhar se engajou para verificar se o programa estava, de fato, contribuindo para o desenvolvimento humano das crianças e jovens atendidos. Realizamos estudos e pesquisas, e os resultados criaram uma base sólida para novas percepções sobre o potencial do esporte para a aprendizagem de valores.

Dora Castanheira

Coordenadora do Programa Esporte-Cidadão no Paraná, atualmente Coordenadora Socioesportiva do Programa de Educação do Comitê dos Jogos Rio 2016

* * *

Área temática: Educação

Projetos avaliados: Autonomia e Autonomia Carioca

Instituições: Fundação Roberto Marinho, Governo do Estado do Rio de Janeiro e Secretaria Municipal de Educação do Rio de Janeiro

Período da avaliação: De 2009 a 2010

Local: Municípios do Rio de Janeiro

OS PROJETOS

A partir da metodologia Telessala, desenvolvida pela Fundação Roberto Marinho (FRM), os projetos Autonomia e Autonomia Carioca têm como objetivo promover a aceleração de estudos dos alunos, visando à correção da defasagem entre a idade e o ano escolar. Tal metodologia baseia-se no uso de múltiplas linguagens, atuando por meio de grupos colaborativos e leituras de imagens, a serviço da construção crítica do conhecimento e da transformação da realidade. São utilizados vídeos, DVDs, livros e materiais didáticos próprios para o ensino dos jovens.

Outra estratégia fundamental é a atuação do professor mediador, que trabalha todas as disciplinas com uma mesma turma. Para tal, o docente, do quadro da rede pública, recebe formação específica e continuada da FRM, além do suporte de supervisores do projeto, bem como de uma equipe multidisciplinar. Por conta de sua presença constante em sala de aula e de um estímulo maior à participação dos estudantes nas atividades, a relação criada entre professor e alunos é diferenciada em relação ao ensino regular.

Ambos os projetos trabalham a partir da mesma metodologia. As diferenças são pontuais:

- o projeto Autonomia ocorre na rede de ensino estadual do Rio de Janeiro, por meio de parceria com o governo do estado, desde 2009. Trabalha estudantes entre 13 e 17 anos, que queiram concluir o Ensino Fundamental, e entre 17 e 20 anos que desejam completar o Ensino Médio;

- já o Autonomia Carioca se dá na rede de ensino municipal, por meio de parceria com a Secretaria de Educação da cidade do Rio de Janeiro, desde 2010. Trabalha apenas o Ensino Fundamental, atendendo a estudantes entre 14 e 18 anos. Além disso, aqui, supervisores e diretores têm um papel específico na formação dos professores.

Os projetos propõem que os estudantes concluam o Ensino Fundamental em 12 meses, e o Ensino Médio, em 18 meses. São trabalhados módulos, cada um sobre uma disciplina específica. Apenas língua portuguesa e matemática são ensinadas ao longo de todo o projeto, por seu caráter transversal. As aulas são presenciais, com carga horária de quatro horas por dia.

Outra especificidade da metodologia Telessala diz respeito à avaliação dos alunos. Além das avaliações de aprendizagem ao longo do processo, eles são estimulados a construir um portfólio com suas produções. Assim, não são avaliados apenas por seu desempenho em provas, mas também por sua evolução. Os estudantes também se dedicam à autoavaliação de seu percurso.

Ambos os projetos seguem em atividade.

HISTÓRICO DA AVALIAÇÃO

O Ideca foi convidado a avaliar os projetos Autonomia e Autonomia Carioca pela Fundação Roberto Marinho. A instituição possui uma área de avaliação interna de suas ações sociais, mas estava interessada em um olhar externo sobre sua metodologia e o desenvolvimento dos projetos.

Em 2005, uma primeira experiência deu-se com a avaliação pelo Ideca do projeto Poronga, realizado pela FRM no Acre a partir do mesmo modelo do Autonomia e do Autonomia Carioca. Diante dos bons resultados desse processo avaliativo, em 2009, a FRM voltou ao instituto, agora para avaliar o trabalho desenvolvido no Rio de Janeiro — primeiro, no estado; depois, no município.

Para a definição das estratégias avaliativas, o Ideca estabeleceu um diálogo com a área de avaliação interna da FRM. Uma vez que o objetivo central da organização era conhecer os efeitos de seu trabalho, optou-se por realizar o marco zero e, no fim do projeto, a avaliação de resultados. Já que o Autonomia e o Autonomia Carioca compartilham objetivos, metas e estratégias, a metodologia de avaliação construída foi a mesma para os dois casos.

METODOLOGIA DA AVALIAÇÃO

Em conjunto com membros da respectiva equipe técnica e da área de avaliação interna da FRM, o Ideca construiu o quadro lógico de cada projeto. Definidos os objetivos e os indicadores da avaliação, o instituto dedicou-se então a executar o marco zero e a avaliação de resultados, discutidos em detalhes a seguir.

Vale reforçar que, como dito, as estratégias avaliativas foram as mesmas nos dois casos (para o Autonomia, iguais também entre Ensino Fundamental e Médio). Portanto, o relato que segue contempla tanto o Autonomia quanto o Autonomia Carioca. Eventuais diferenças serão destacadas ao longo do texto, quando pertinente.

Marco zero

Por que realizar o marco zero nesse processo avaliativo? Quem responde é Ghisleine Trigo:

> Os estudantes com defasagem idade-ano têm histórias de vida muito diferentes. Portanto, não é possível imaginar que todos cheguem ao

curso com o mesmo perfil de habilidades. O marco zero foi realizado exatamente para ver quais habilidades eles já possuíam para, depois, ser possível afirmar que no período do projeto eles consolidaram determinadas aprendizagens. Ou seja, permitir a atribuição dos resultados obtidos às ações do projeto.

Considerando a escala de ambas as iniciativas, atuantes em mais de 200 telessalas cada, o Ideca optou por uma pesquisa amostral, caso contrário, o custo da avaliação se tornaria impeditivo. A definição dos seguintes critérios de escolha das turmas participantes da avaliação foi feita em conjunto com a FRM:

- número máximo de 2 mil estudantes avaliados por projeto;
- seleção de pelo menos uma escola e uma sala de aula para cada nível (Fundamental ou Médio) por regional de ensino (ou seja, por área geográfica na qual a rede de ensino local se divide);
- seleção de duas turmas por escola para a aplicação de dois tipos de prova diferentes (em uma turma, língua portuguesa; em outra, matemática);
- aplicação de um único tipo de prova para todos os estudantes de uma mesma turma.

A partir de tais critérios, a FRM disponibilizou ao Ideca os dados sobre as escolas participantes do projeto. O instituto pôde, assim, determinar a amostra a ser investigada. Os instrumentos utilizados foram:

- questionário de professores e estudantes (no caso do Autonomia Carioca, também diretores e supervisores);
- prova de língua portuguesa ou matemática para estudantes.

A logística estabelecida para a pesquisa de campo do marco zero foi o principal ponto de diferença entre a avaliação do Autonomia e do Autonomia Carioca. Para o primeiro, foi realizada uma pesquisa de campo usual, com a presença de consultores do Ideca em campo.

Dessa forma, além da aplicação de questionários e provas, foram feitos também grupos focais com estudantes e professores.

Já no caso do Autonomia Carioca, por correio, o Ideca enviou as provas e os questionários à Fundação Roberto Marinho, que os encaminhou às escolas participantes. Lá, no período de duas semanas, os professores aplicaram os instrumentos aos estudantes e, com seu próprio questionário e o do diretor de sua escola, entregaram os materiais em um pacote ao supervisor. Este anexou seu questionário e encaminhou o envelope lacrado de volta à FRM, que o retornou ao Ideca:

> Era necessário diminuir os custos da avaliação. Por isso, junto com a FRM, concluímos que seria possível, no marco zero da rede municipal, fazer uso das próprias pessoas responsáveis pelo projeto. Explicamos que aquela atividade traria insumos para a sua prática e que era importante que elas interviessem o mínimo possível nos resultados. Dessa forma, conseguimos a adesão dos professores, que aplicaram as provas e os questionários aos estudantes. Já na avaliação de resultados, entendemos que a presença de um consultor do Ideca é sempre necessária. — Simone Coelho

Para orientar o trabalho dos professores nessa logística, o Ideca elaborou um guia de procedimentos e realizou um treinamento presencial. Uma vez que não houve a presença de consultores do instituto nas escolas, não foram realizados grupos focais ou entrevistas.

Apesar dessa diferença prática, os instrumentos para estudantes e professores utilizados em ambos os projetos foram os mesmos, com pequenos ajustes no Autonomia Carioca para dar conta da realidade municipal. Em termos gerais, os questionários aplicados buscavam investigar:

- estudantes: perfil socioeconômico, hábitos culturais próprios e da família, histórico escolar (escolas frequentadas, reprovações e abandonos etc.) e expectativas sobre seu processo de aprendizagem no projeto;

- professores: perfil socioeconômico e cultural, condições profissionais (formação inicial, especializações etc.), práticas pedagógicas rotineiras, percepções sobre a proposta da metodologia Telessala e expectativas sobre o projeto.

Considerando o papel de diretores e supervisores no Autonomia Carioca, foram aplicados questionários para esses atores na avaliação municipal. Tais instrumentos seguiram a mesma lógica do questionário de professores.

As especificidades de um projeto educacional voltado para a correção da defasagem idade-ano foram consideradas pelo Ideca na construção dos instrumentais. No caso do questionário de estudantes, o instituto dedicou-se a uma investigação mais detalhada de sua história de vida e atuação profissional, diferenciadas em relação a alunos do ensino regular.

Para o questionário de professores, levou-se em conta o fato de que o projeto prevê um perfil diferenciado de docente, não especialista em uma disciplina, mas mediador da aprendizagem dos estudantes. As provas, por sua vez, foram construídas e analisadas de acordo com os procedimentos discutidos no capítulo anterior.

Cabe apontar que também aqui foi possível a comparação com a média nacional por meio do SAEB e Prova Brasil, ainda que cuidadosa, já que os parâmetros nacionais baseiam-se nos resultados de estudantes do ensino regular. No caso do Autonomia, foram incluídas questões em comum nas provas aplicadas aos alunos do Ensino Fundamental e do Médio, para poder colocar os resultados em uma mesma escala e, assim, compará-los em sua evolução.

Ainda que a metodologia da FRM inclua todas as disciplinas, o Ideca optou por realizar provas apenas em língua portuguesa e matemática por dois motivos centrais. O primeiro é o fato de que não haveria comparação das outras disciplinas com parâmetros nacionais, como o SAEB, uma vez que estes trabalham apenas com os dois conteúdos. O segundo é explicado por Ghisleine Trigo:

> De certa maneira, quando você faz a avaliação em língua portuguesa e matemática, você identifica habilidades que estão imbricadas em todas as disciplinas. Em língua portuguesa, são mobilizadas habilidades de leitura e compreensão de texto, que são transversais a todos os currículos. Em matemática, são avaliadas habilidades relativas aos sistemas simbólicos fundamentais para a representação da realidade, para a leitura em sentido amplo, tanto de textos quanto do mundo dos fenômenos. E no panorama da proposta de um projeto como esse, uma vez que o professor é mediador, e não específico, essas competências de leitura são fundamentais também nas outras áreas. Enfim, esses aspectos justificam essa escolha.

Uma vez realizada a pesquisa de campo, no caso do Autonomia, ou retornados os instrumentos preenchidos, para o Autonomia Carioca, o Ideca procedeu às etapas finais de construção da análise e apresentação dos resultados para a Fundação Roberto Marinho.

Avaliação de resultados

Uma vez finalizado o projeto, o Ideca retornou às escolas participantes do marco zero para reaplicar questionários e provas nos mesmos estudantes já avaliados. Dessa forma, foi possível ao instituto determinar o que os alunos construíram em termos de habilidades, bem como as práticas pedagógicas desenvolvidas pelos professores.

A pesquisa de campo em ambos os projetos deu-se presencialmente. Foram utilizados os mesmos instrumentos do marco zero, com ajustes para o novo momento do projeto. No caso do Autonomia Carioca, os consultores do Ideca puderam conduzir grupos focais com diretores, supervisores, professores e estudantes, o que, como discutido, não foi feito no marco zero.

De maneira a tornar a comparação entre o início e o fim das ações a mais refinada possível, o instituto tomou alguns cuidados:

- as provas receberam um adesivo com os dados cadastrais dos estudantes que participaram do marco zero, para que as duas provas pudessem ser pareadas no momento da análise;
- todos os estudantes responderam a provas da mesma disciplina nos dois momentos;
- tanto a prova de língua portuguesa quanto a de matemática traziam algumas questões iguais à do marco zero;
- na prova de língua portuguesa, foi utilizado o mesmo ditado que no primeiro momento.

Os estudantes que estavam presentes no momento da aplicação da prova mas não responderam ao marco zero puderam participar da atividade mesmo assim, ainda que seus resultados tenham sido desconsiderados. Já no caso do Ensino Fundamental do Autonomia, os resultados de matemática não foram analisados. A decisão, tomada em comum acordo com a FRM, deu-se porque houve um atraso no módulo de matemática e, no momento da pesquisa de campo, os estudantes ainda não tinham trabalhado todo o conteúdo. Assim, os resultados das provas não seriam expressivos do projeto.

DESAFIOS

Um primeiro desafio marcante dessa avaliação envolveu fatores conjunturais, alheios à intervenção do Ideca. No caso do projeto Autonomia Carioca, a pesquisa de campo da avaliação de resultados coincidiu com o momento de implantação de Unidades de Polícia Pacificadora (UPPs) em diversos bairros nos quais se situavam as escolas pesquisadas. Diante do conflito armado que se estabeleceu nessas comunidades, muitos estudantes não compareceram à atividade ou as escolas foram fechadas.

Nesse caso, o Ideca pôde dar confiabilidade aos dados por meio de recursos estatísticos, como o uso de fatores de expansão da amostra. Cabe apontar que em um projeto de correção da defasagem idade-ano a evasão é uma questão comum, o que naturalmente já dificultaria que a amostra prevista no marco zero fosse integralmente repetida para a avaliação de resultados.

Outro desafio logístico diz respeito ao formato utilizado para o levantamento das informações no marco zero, via correio. Trata-se de uma estratégia que retira do Ideca o controle total sobre o andamento da pesquisa, podendo ocorrer a não devolução de todos os questionários previstos e interferências dos professores nas respostas dos estudantes. No entanto, nenhum desses empecilhos foi registrado e a nova estratégia mostrou-se uma alternativa interessante, repetida pelo instituto em outras ocasiões.

Para além de questões práticas, não há dúvidas de que o maior desafio desse processo foi o fato de ser um trabalho em aceleração da aprendizagem. Por um lado, como dito, há uma tendência maior à evasão com a qual a avaliação tem de lidar. Por outro, o perfil dos estudantes exige atenção redobrada para o desenvolvimento dos instrumentos. Como explica Simone Coelho:

> Pelas características do público, foi necessária uma série de estratégias e cuidados na elaboração dos instrumentais. É preciso muito cuidado com os conteúdos da avaliação, com o tipo de pergunta, porque você não pode fazer aquele aluno se sentir derrotado ao responder uma prova. Ele já vem de um histórico de derrotas na vida escolar, e não se pode alimentar isso. É necessário um instrumento muito bem equilibrado.

Ainda nesse sentido, Ghisleine Trigo chama atenção para o cuidado que se deve ter em relação à idade dos estudantes:

> Em uma avaliação como essa, é necessário atenção à faixa etária dos participantes — que varia entre 13 e 20 anos, considerando os beneficiários dos dois projetos — para não lidar com textos infantilizados. É preciso avaliar as mesmas habilidades que seriam avaliadas em estudantes do ensino regular, mas de um modo mais compatível com a idade deles e com os interesses que eles têm. Da mesma forma, o questionário tem de investigar questões específicas desse universo onde ele está inserido.

APRENDIZAGENS

A experiência com a avaliação dos projetos Autonomia e Autonomia Carioca ensinou ao Ideca, em primeiro lugar, que o uso de estratégias de campo a distância é útil e produtivo. No entanto, cabe um alerta: esse tipo de formato não é tão adequado para a avaliação de resultados, quando a presença de um consultor especialista é fundamental para garantir a fidedignidade das informações.

Outra aprendizagem em relação à logística diz respeito à importância de um bom registro dos dados do projeto. O cadastro atualizado e preciso de turmas e escolas participantes mostrou-se fundamental para a definição apropriada da amostra e para o bom andamento da pesquisa de campo. Não se trata apenas de construir uma ferramenta burocrática que trabalha a favor do projeto, mas de criar uma comunidade de aprendizagem da ação social, sistematizando um grupo de profissionais que atua em uma mesma direção.

Essa experiência foi significativa também em relação aos resultados não esperados da avaliação. Mesmo que seu objetivo fosse identificar a evolução de desempenho de estudantes e professores, vieram à tona questões mais amplas, como explica Ghisleine Trigo:

> Ainda que estivéssemos avaliando o processo e as habilidades construídas pelo projeto, identificamos situações que um processo de avaliação não deveria verificar, pois deveriam ser reguladas pelo próprio sistema de ensino. Às vezes, porém, elas escapam ao seu controle. A presença de estudantes fora da faixa de idade, que justifica um projeto de aceleração da aprendizagem, é uma situação causada por um problema maior do próprio sistema de ensino.

Acima de tudo, essa experiência foi um exemplo claro do papel político desempenhado pela avaliação, não no sentido de tomar partidos, mas de dar a devida atenção e importância a setores nem sempre reconhecidos. Segundo Ghisleine Trigo:

Há um peso ético em fazer uma avaliação de projetos voltados para a correção da defasagem idade-ano, porque este ainda é um segmento que não é valorizado como deveria. Quando você conduz uma avaliação com todo o requinte metodológico, estratégico, estatístico e pedagógico, de certa maneira, você está jogando luzes sob os desafios e os ganhos dessa modalidade. A avaliação aqui tem um papel de desnudar situações, tanto os avanços que os estudantes conseguem em um processo de aceleração da aprendizagem — e não se trata de um avanço de segunda categoria — quanto as dificuldades que eles enfrentam, e é exatamente o reconhecimento dessas dificuldades que torna tão relevantes os resultados.

DEPOIMENTO

Ao iniciar a parceria com o Ideca, a Fundação Roberto Marinho reconhecia no instituto qualidades como *expertise* em avaliação e sensibilidade em projetos educacionais. Convidar o Ideca para desenvolver a avaliação desses dois projetos foi, portanto, uma consequência natural da constatação da seriedade e do profissionalismo com que o instituto realiza seu trabalho.

Os resultados e impactos oriundos da avaliação lançaram luz sobre o desenvolvimento dos projetos e sobre os possíveis rumos a serem corrigidos no processo, em especial por apontarem fatores contextuais que favoreceram orientações pedagógicas, em diálogo com o contexto socioeconômico das escolas e dos estudantes. Tais tomadas de decisão só foram possíveis pelo fato de o Ideca utilizar estratégias metodológicas que combinam procedimentos quantitativos e qualitativos ao longo do processo avaliativo.

Vilma Guimarães

Gerente Geral da Área de Educação e Implementação
Fundação Roberto Marinho

DEPOIMENTO

As avaliações feitas pelo Ideca em dois projetos do Telecurso (Autonomia) trouxeram contribuições para os projetos em si, para as Redes de Ensino envolvidas e para a própria Fundação Roberto Marinho. Ao longo do processo avaliativo, foi possível levantar um conjunto de informações fundamentais para o aprimoramento dos projetos, tais como: insumos para o planejamento das formações dos professores realizadas ao longo do período de implementação, bem como subsídios para o diálogo junto às equipes gestoras, a fim de adequar as condições infraestruturais e pedagógicas necessárias para o pleno trabalho dos educadores e desenvolvimento dos estudantes. Tivemos a oportunidade de desenvolver um processo avaliativo extremamente participativo, em que a área gestora do projeto e a área de avaliação estabeleceram com o Ideca um trabalho de equipe, extremamente colaborativo, o que foi fundamental para superarmos os desafios inerentes a um processo de avaliação realizado em parceria com a esfera pública. Todo o processo contribuiu para a Fundação confirmar que processos de avaliação participativos, longitudinais e que adotam métodos mistos são aqueles que dão a verdadeira dimensão da relevância e mérito de nossa atuação.

Para nós da Fundação Roberto Marinho, esses processos avaliativos em parceria com o Ideca confirmaram a complexidade intrínseca aos estudos em projetos no contexto da Educação Pública. A busca de alternativas para garantirmos a qualidade da amostra dos alunos participantes, a análise feita pelo Ideca sobre os efeitos de aspectos infraestruturais no desempenho dos estudantes — tanto em língua portuguesa, quanto em matemática —, a análise dos resultados dos alunos à luz dos insumos dos questionários socioeconômicos e dos grupos focais são exemplos de como o rigor científico, conjugado à sensibilidade e à flexibilidade, é capaz de superar alguns limites, explorar potencialidades do estudo em questão, dando contribuição efetiva aos gestores do projeto.

Também chamou a atenção, ao longo de todo o processo, a postura do Ideca em aprofundar-se nas características conceituais e metodológicas específicas do Telecurso. Esse aprofundamento somado ao diálogo constante com as equipes da Fundação e o conhecimento da equipe do Ideca sobre Educação Pública foram fundamentais para a proposição de técnicas e metodologias adicionais de análise, que resultaram em um conjunto robusto de evidências a conclusões que foram exploradas pela Fundação.

Mônica Pinto

Gerente de Desenvolvimento Institucional

Fundação Roberto Marinho

Área temática: Habitação

Projeto avaliado: Intervenção social da Cobrape nas áreas de risco em processo de urbanização pela Secretaria Municipal de Habitação de São Paulo

Instituição: Companhia Brasileira de Projetos e Empreendimentos (Cobrape)

Período da avaliação: A partir de 2006

Local: São Paulo (SP)

O PROJETO

A Companhia Brasileira de Projetos e Empreendimentos (Cobrape) é uma empresa de consultoria em projetos de infraestrutura e desenvolvimento, com atuação em todo o país. Entre suas áreas de trabalho, está o planejamento, gerenciamento e operação de ações sociais em favelas que passam por urbanização, o que inclui: cadastramento das famílias, mobilização comunitária, educação sanitária e ambiental e geração de renda.

Em 2006, a Cobrape foi contratada pela Secretaria Municipal de Habitação (Sehab) de São Paulo para o gerenciamento social das intervenções públicas nas áreas de risco em processo de urbanização. Todas as atividades que envolvem a comunidade — como a mobilização e o acompanhamento das famílias no momento de remoção da área ou ao longo das obras — são mediadas pelas equipes da Cobrape.

Tais equipes são formadas por assistentes sociais, sociólogos, arquitetos, psicólogos, historiadores e geógrafos, e respondem pelo desenvolvimento do trabalho, com técnicos destinados a cada um dos locais de intervenção. A partir de 2013, por orientação do Ideca, foi instituída a Equipe de Planejamento e Articulação (EPA), que atua transversalmente em todas as áreas em que a Cobrape intervém. Seu objetivo é sistematizar uma metodologia de gerenciamento social, estabelecendo boas práticas em fortalecimento comunitário, educação socioambiental e geração de renda a serem replicadas a todas as comunidades. A prestação de serviços da Cobrape à Sehab segue em andamento.

HISTÓRICO DA AVALIAÇÃO

O início do trabalho do Ideca com a Cobrape data de 2006, quando o instituto foi convidado a contribuir para a implantação do gerenciamento social feito pela companhia nas áreas em reurbanização pela Sehab. Coube ao Ideca idealizar um processo de avaliação externa que respondesse de maneira apropriada às exigências previstas no contrato a ser estabelecido entre as duas instituições — Sehab e Cobrape.

Diante da escala do trabalho, que ocorre simultaneamente em diversas áreas de São Paulo e mobiliza dezenas de técnicos, o Ideca propôs o desenvolvimento de um sistema de monitoramento eletrônico das ações. Com o sistema, a Cobrape poderia manter-se atualizada sem que fosse necessária a ida mensal de consultores do Ideca a cada uma das áreas, o que seria financeiramente inviável.

Além disso, o sistema permite resgatar os dados de determinado período, o que garante insumos para a avaliação de resultados no fim da intervenção. Paralelamente ao desenvolvimento dessa ferramenta, em 2011, o Ideca assumiu um papel de orientação técnica, contribuindo de maneira mais direta para o estabelecimento de uma metodologia organizada de intervenção social da Cobrape.

Por meio do sistema, ao longo dos anos, o Ideca avaliou as seguintes áreas no município de São Paulo: Cidade Azul, Heliópolis, Jardim Celeste, Jardim Guarani, Jardim Irene, Jardim das Rosas,

Parque Fernanda, Jardim Nazaré, Mananciais I, Mananciais II, Paraisópolis, Parque das Flores, São Francisco, Sapé e Tiro ao Pombo.

METODOLOGIA DA AVALIAÇÃO

Para a construção do quadro lógico, o Ideca partiu do termo de referência contratual estabelecido entre a Cobrape e a Sehab, de maneira a garantir o cumprimento de todas as exigências legais em relação à avaliação. Participaram dessa oficina os coordenadores e os supervisores da companhia.

Uma vez definidos os objetivos e os indicadores da avaliação, decidiu-se que a estratégia com o melhor custo-benefício e potencial de gerenciamento das ações seria um sistema de monitoramento eletrônico. Seu processo de criação, estrutura e funcionamento serão discutidos a seguir, bem como o trabalho de orientação técnica assumido pelo Ideca nos últimos anos.

Sistema de monitoramento eletrônico

O sistema de monitoramento foi concebido pelo Ideca em conjunto com a Cobrape, com a intenção de permitir um acompanhamento atento das ações, propiciar uma análise comparativa entre as áreas e embasar a tomada de decisão pela companhia. Como explica o consultor Gabriel Ligabue:

> Quando a natureza das atividades relatadas no sistema é analisada, é possível fazer uma análise crítica da sua operação. Por exemplo, se 80% das atividades realizadas foram relacionadas a planejamento, pergunta-se: há só planejamento, e não execução? Ou seja, o monitoramento serve gerencialmente, para a correção da rota das ações em tempo hábil. E na avaliação de resultados, com o sistema, é possível ver quais impactos foram gerados.

A estrutura do sistema é a seguinte:

- dados da atividade:
  — período das ações relatadas;
  — área de intervenção;
  — descrição da atividade;
  — macroprocesso;
  — atividades TR (ou seja, previstas no termo de referência);
  — justificativa da atividade;
  — características da atividade;
  — tipo da atividade;
  — objetivo da atividade;
  — etapa do trabalho da Cobrape a qual a atividade se refere;
  — público a quem preferencialmente a atividade se destina;
- participantes da atividade:
  — tipo de participantes;
  — tipo de envolvimento;
  — tipo de público;
  — data da realização;
  — número de participantes por tipo e gênero;
- recursos utilizados na atividade:
  — tipo de recurso;
  — recurso e instrumento utilizado;
  — unidade de medida e quantidades;
- avaliações e comentários:
  — tipo de entidade;
  — entidade;
  — tipo de envolvimento;
  — avaliação dos participantes;
  — aspectos facilitadores e dificuldades.

A maioria desses campos é de respostas fechadas, cabendo ao técnico apenas selecionar, dentro de uma lista de opções, aquela mais apropriada para a atividade que deseja relatar. O sistema também prevê espaço para respostas abertas, visando abarcar informações mais detalhadas e avaliações subjetivas dos técnicos, como nos campos de descrição das atividades ou nos espaços para observações incluídos em cada um dos quatro blocos. Há ainda um local específico para as considerações dos supervisores de cada área sobre o trabalho desenvolvido no mês.

Para determinar a estrutura, campos e opções de respostas que compõem o sistema, foram utilizadas duas bases principais. Por um lado, os indicadores definidos pelo quadro lógico. Por outro, as reuniões realizadas pelo Ideca com coordenadores, supervisores e técnicos da Cobrape, profissionais que dominam o fluxo de trabalho envolvido em um projeto de intervenção urbanística. Relembra Gabriel Ligabue:

> É natural que em uma área onde a obra já foi inaugurada sejam feitas mais ações de formação do condomínio do que em outra, que está no início do processo. Se quiséssemos comparar essas duas áreas, seria necessário considerar as diferentes etapas em que estão. Assim, como a etapa de intervenção é um ponto importante a ser medido, nos reunimos com a equipe da Cobrape para mapear quais são essas etapas. O mesmo processo foi feito para a justificativa das atividades, os objetivos etc. Por que você está realizando essa atividade? Que tipo de atividade você realiza? A partir das respostas dos técnicos, nós criamos as listas de respostas. Além disso, existem determinadas ações que a Sehab exige que sejam contabilizadas, como os contatos telefônicos com a comunidade. Nós incorporamos isso ao sistema, para que a ferramenta também permita essa prestação de contas para a Secretaria.

Não só o conteúdo do sistema, mas também a linguagem adotada para expressar conceitos e ações foi amplamente discutida, testada e corrigida com os profissionais da companhia. Ao promover a construção coletiva da ferramenta, o objetivo do Ideca foi criar um sistema o mais útil e amigável possível para os técnicos, uma vez que são eles os responsáveis por mantê-lo em funcionamento.

cobrape **MONITORAMENTO**

Início | Administração | Cadastro Básico | Monitoramento | Supervisão | Relatório

Programação / Planejamento de Atividades

Confirmar | Excluir | Voltar

Dados da Atividade | Participantes | Recursos Utilizados | Avaliações e Comentários

Código 76016 **Status** Finalizada **Contrato** SEHAB

Área
Heliópolis - Grande Área

Sub Área
Heliópolis

Lote / Núcleo
Heliópolis Geral

Incluir Eixo

Eixo
Geração de Trabalho e Renda - SEHAB

Descrição da Atividade
Relatório analítico dos resultados da pesquisa com os 71 comerciantes de Heliópolis.

Macroprocesso
2 - Planejamento

Objetivos Estratégicos
2 - Desenvolver o Plano de Trabalho Técnico Social

Atividade TR
8 - Planejamento do trabalho social

Justificativa da Atividade
1 - Necessidade prevista pela Equipe Social

Característica da Atividade
4 - Outras Atividades sem moradores

Tipo da Atividade
6 - Elaboração de Documentos

Objetivo
10 - Sistematizar informações

Etapa do Trabalho Cobrape
4 - Monitoramento de Famílias - Fase Obras

Qtde Horas 3 **Data Inicial** 06/01/2015 **Data Final** 06/01/2015

Público a quem preferencialmente se destina a atividade
16 - Representante da Equipe de Planejamento e Articulação - COBRAPE

Público Potencial 1

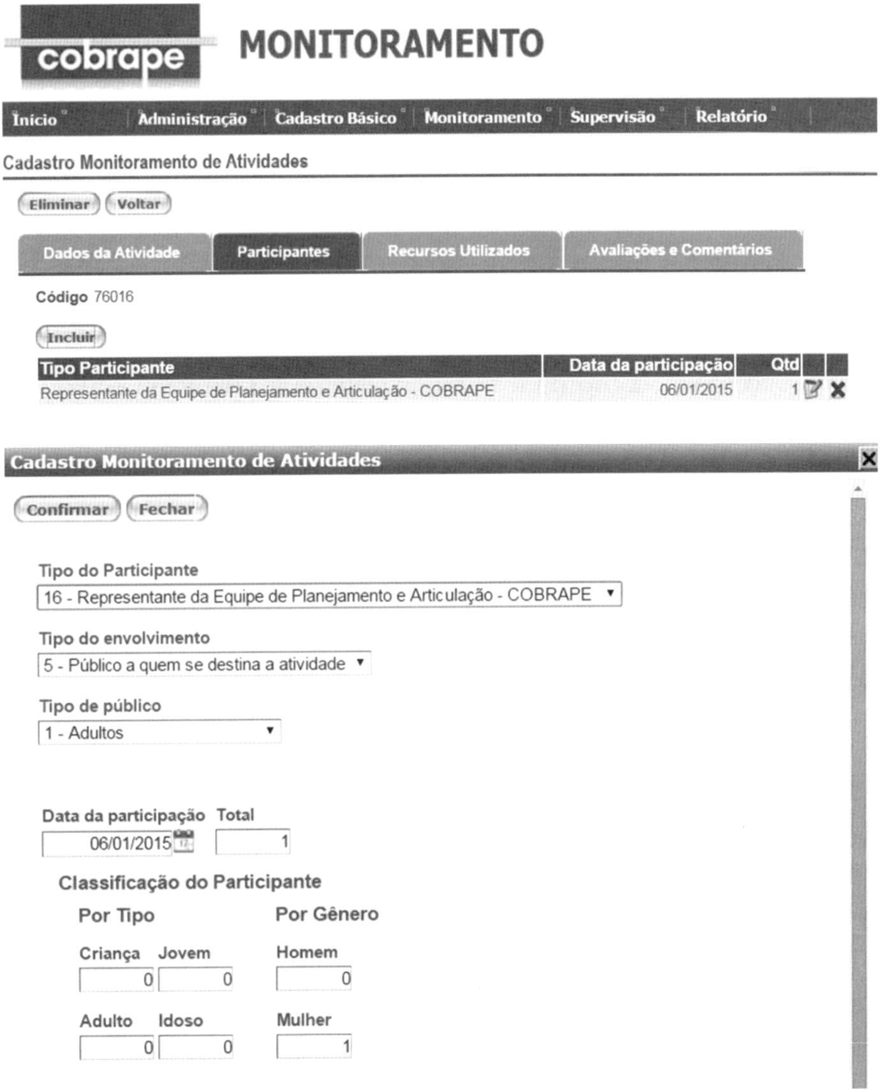
cobrape
MONITORAMENTO
Início
Administração
Cadastro Básico
Monitoramento
Supervisão
Relatório
Cadastro Monitoramento de Atividades
Eliminar
Voltar
Dados da Atividade
Participantes
Recursos Utilizados
Avaliações e Comentários
Código 76016
Incluir
Tipo Participante
Data da participação
Qtd
Representante da Equipe de Planejamento e Articulação - COBRAPE
06/01/2015
1
Cadastro Monitoramento de Atividades
Confirmar
Fechar
Tipo do Participante
16 - Representante da Equipe de Planejamento e Articulação - COBRAPE
Tipo do envolvimento
5 - Público a quem se destina a atividade
Tipo de público
1 - Adultos
Data da participação
Total
06/01/2015
1
Classificação do Participante
Por Tipo
Por Gênero
Criança
Jovem
Homem
0
0
0
Adulto
Idoso
Mulher
0
0
1

Construídas todas as tabelas com suas respectivas opções de resposta — "tabela" entendida aqui como cada um dos campos a serem preenchidos: macroprocessos, atividades TR, justificativas etc. —, o Ideca desenvolveu um banco de dados hierarquizado que, nas mãos de um programador, transformou-se em um sistema articulado.

Nesse momento inicial, o sistema não foi feito em linguagem web — o que permitiria seu acesso por meio da internet —, mas no servidor da Cobrape. Isso significa que, para alimentar a ferramenta, os técnicos se encaminhavam uma vez por mês à sede da companhia para ter acesso ao computador onde o sistema estava instalado. Para garantir que as informações não se perdessem, o Ideca desenvolveu fichas de campo que seguem a lógica do sistema.

Em 2013, seu preenchimento tornou-se *on-line*, de forma que é possível aos técnicos acessá-lo e preenchê-lo diretamente da área, sem a necessidade de deslocar-se até a empresa. A intenção é que o sistema seja alimentado diariamente, logo em seguida à realização das atividades.

Tanto na implementação do sistema quanto em sua passagem para o formato web, o Ideca ofereceu treinamento a coordenadores e supervisores da Cobrape para que estes, por sua vez, formassem os técnicos no preenchimento adequado da ferramenta. Foram desenvolvidos também manuais de uso do sistema e um glossário que visa unificar o entendimento a respeito dos termos utilizados.

Ainda para garantir seu bom uso, a companhia, por orientação do Ideca, designou um funcionário responsável por fazer a checagem prévia das informações lançadas, retornando ao seu autor para revisões, se necessário. Esse controle é importante porque o sistema bloqueia automaticamente a inserção de novos dados ou alterações depois de determinado prazo. Após o dia 5 de cada mês, não é mais possível incluir informações a respeito do mês anterior, mas somente do ciclo que se iniciou.

Com base nos insumos registrados no sistema, o Ideca desenvolve relatórios trimestrais de acompanhamento das atividades do período, enviados para a companhia e para a Sehab. A análise é comparativa entre as áreas, mas também considera as especificidades relevantes. O instituto identifica em quais atividades os técnicos concentraram tempo e analisa cada um dos indicadores de monitoramento identificados no quadro lógico, trazendo observações e perguntas-guia à Cobrape. Outra prática é a retomada das conclusões do relatório anterior, o que mapeia evoluções.

O sistema é base também para a avaliação de resultados. Na realização dos relatórios anuais, o Ideca utiliza como insumo as informações levantadas pela ferramenta ao longo de todo o ano, bem como relatos específicos dos supervisores, enviados por *e-mail* ao instituto. No documento, o Ideca:

- identifica atividades recorrentes e pontuais, para sistematizar o processo de intervenção e estimular readequações;
- cruza dados para levantar questões ao processo, como possíveis correlações entre etapas e atividades;
- avalia a distribuição geral das ações e, portanto, o planejamento do processo;
- percebe a evolução dos tipos de atividades realizadas ao longo do ano;
- avalia a efetividade das estratégias de interlocução com os beneficiários;
- avalia o estabelecimento e a efetividade de parcerias;
- identifica a integração entre as atividades realizadas nas áreas, definindo um padrão de atuação da Cobrape na área social.

Em 2014, o Ideca desenvolveu um relatório comparativo dos últimos três anos, para observar tendências e identificar estratégias bem-sucedidas. Em razão da proximidade com as áreas garantida pela tarefa de orientação técnica, não são realizadas pesquisas de campo para a avaliação de resultados.

Outro produto desenvolvido pelo instituto a partir do sistema são os relatórios de encerramento, quando finalizada a intervenção social em determinada área. Tal documento se dedica a consolidar os dados, resgatando as características da localidade e da população atendida antes das atividades sociais, um histórico dos procedimentos, os impactos gerados e um balanço do andamento da intervenção. Assim, não só é feita a sistematização do processo como também são criados insumos para a consolidação ou revisão de estratégias em intervenções futuras.

Orientação técnica

A primeira ação do Ideca em seu papel de orientação técnica ao gerenciamento social da Cobrape foi a realização de um planejamento estratégico, como relata Simone Coelho:

> A EPA, com a orientação do Ideca, desenvolveu um planejamento estratégico para cada uma das áreas. Quais ações são prioritárias para fortalecer a comunidade? Quantas horas são necessárias para isso? Como elas se distribuem no tempo? Esse planejamento foi validado com os técnicos das áreas e, depois, com a própria Sehab. Dessa forma, conseguimos organizar as atividades a serem realizadas e estabelecer um propósito claro para elas. As ações passaram a fazer sentido dentro de um objetivo estratégico maior.

O trabalho de assessoria técnica se dá por meio de reuniões semanais do Ideca com membros da EPA e a equipe de coordenadores e supervisores da companhia. Cabe ao instituto contribuir para a tomada de decisões, tendo em vista o cumprimento dos objetivos definidos para o gerenciamento social. Para a tarefa, o Ideca tira insumos dos relatórios de monitoramento, que identificam em quais estratégias investir e onde corrigir rumos:

> A orientação técnica e o sistema de monitoramento eletrônico se alimentam. Com base nos dados do monitoramento, o Ideca conhece onde é preciso intervir na orientação técnica. Dessa dinâmica resultaram diversos produtos, como a sistematização dos procedimentos da Cobrape em

> manuais e cartilhas. São estratégias que mapeamos pelo sistema e promovemos por meio da assessoria técnica. — Simone Coelho

Outra frente de trabalho é o estabelecimento de uma lógica padronizada para o planejamento dos projetos da Cobrape, especialmente em relação ao quadro lógico. Essa medida dialoga diretamente com o sistema de monitoramento eletrônico, em fase de adaptação para que abarque todos os contratos da companhia. Já que uma das bases do sistema é o quadro lógico, é preciso que haja unidade na sua construção.

DESAFIOS

Os principais desafios enfrentados nesse processo avaliativo dizem respeito não à construção propriamente dita do sistema de monitoramento eletrônico, mas à apropriação e bom uso dele pelos técnicos da Cobrape. Nesse sentido, um primeiro ponto a se destacar é a dificuldade de construir alinhamento sobre a maneira mais adequada de reportar uma informação. Como explica Gabriel Ligabue:

> Para nós, "atividade" é uma atividade estratégica. Se um técnico registra no sistema cada um dos mil contatos telefônicos como uma atividade própria, enquanto outro coloca esses mesmos mil telefonemas como uma única atividade, não é possível comparar o número de atividades por área. Procuramos fazer oficinas com supervisores e encarregados das equipes para explicar essa questão.

Nessa mesma linha, outra dificuldade é uniformizar o entendimento sobre os conceitos empregados. Ainda segundo Gabriel Ligabue:

> Trabalhar com uma equipe da área social, como sociólogos e assistentes sociais, representa lidar com profissionais para quem o significado de cada palavra às vezes é diferente. O que uma pessoa entende que é

"objetivo", a outra compreende como "meta". Uma mesma palavra tem significados distintos para pessoas com formações em áreas diferentes.

Além das constantes formações da equipe — necessárias especialmente quando se considera a rotatividade entre os técnicos —, a decisão por criar listagens com opções fechadas de resposta à maioria das questões mostrou-se acertada. Outras boas práticas foram a construção do glossário, sempre em revisão, e a definição de um profissional interno para assumir o controle de qualidade das informações relatadas.

Foi preciso instigar uma mudança de percepção dos atores a respeito da ferramenta. Um sistema como esse costuma ser entendido pela equipe como um mecanismo de controle do seu trabalho. Para evitar essa leitura equivocada, o Ideca e a Cobrape tomaram a decisão conjunta de não integrar a ferramenta aos controles administrativos da companhia, como o banco de horas.

Outro ceticismo com o qual o Ideca teve de lidar diz respeito às possibilidades de uma ferramenta informatizada para a avaliação de ações sociais complexas, como intervenções urbanísticas. Como um sistema daria conta de um trabalho tão dinâmico e essencialmente qualitativo? Isso é feito, de acordo com Gabriel Ligabue, a partir da decomposição da ação em diversos elementos de análise:

> O trabalho social, por sua própria dinâmica, é multifacetado. É muito complexa a criação de um sistema que respeite isso e, ao mesmo tempo, crie parâmetros que permitam uma avaliação mais objetiva. Resolvemos esse desafio por meio da decomposição do todo em partes menores e da recombinação dessas partes de acordo com o que se quer observar, a partir da sua visão e experiência de avaliador. Soma-se a etapa da atividade com o seu objetivo, justificativa, tipo etc., e para cada área você cria um quebra-cabeça.

Ainda que esse desafio tenha sido superado a partir dos próprios resultados trazidos pela ferramenta, duas questões sempre se farão presentes: o constante aprimoramento técnico do sistema e a permanente necessidade de formar a equipe para um relato qualificado e diário, de maneira que a cultura avaliativa seja parte natural de sua prática:

> Como se trata de um sistema muito complexo, que vai sendo construído a cada passo, ele está longe de ser o ideal e de cobrir todas as lacunas existentes. O sistema permitiria, por exemplo, o registro de quantos negócios surgiram na região depois de um programa de geração de renda. Outra intenção é que ele registre não só o que foi realizado, mas também o que foi planejado, permitindo um controle gerencial ainda mais refinado. Ou seja, o sistema está eternamente em aprimoramento. — Gabriel Ligabue

APRENDIZAGENS

A principal aprendizagem dessa experiência é a constatação de que um sistema informatizado dá conta da tarefa de monitorar uma intervenção social de tamanha escala, dinamismo e complexidade:

> Projetos de intervenção urbanística são muito complexos. O sistema de monitoramento permite olhar a intervenção por meio de vários campos: pela motivação da ação, pelo tipo de atividade realizada etc. Criam-se olhares sobre as diferentes dinâmicas que se apresentam, porque o sistema permite a incorporação de novos campos e respostas. Uma tabela de justificativas que hoje tem cinco itens, amanhã pode ter dez. Uma estratégia tradicional de avaliação, baseada em questionário e grupo focal, não conseguiria captar isso, porque é uma escala muito grande. — Gabriel Ligabue

Também ficou clara sua efetividade como ferramenta de gestão, indicando caminhos e auxiliando, de forma prática, o planejamento das ações. O sistema constrói um banco de dados que é útil para os técnicos, pois promove uma troca de experiências organizada entre as equipes — por exemplo, o trabalho de um oficineiro bem avaliado pelo técnico de uma área fica registrado no sistema, o que facilita sua replicação em outro local.

No entanto, como chama atenção Simone Coelho, é preciso ter em mente que o sistema levanta informações que não falam por si só: "O sistema é um banco de dados. É preciso refletir sobre o que se está vendo para que os dados lhe tragam insumos críticos". Assim, é fundamental a triangulação com dados qualitativos, de maneira a contextualizar as informações — ainda que o próprio sistema dê elementos para uma leitura qualitativa:

> Mesmo que o trabalho social seja um trabalho de características qualitativas, exatamente por isso é preciso estabelecer formas de medi-lo de maneira quantitativa. Porque quando determinada atividade é planejada, isto é feito em função de alguma situação que aconteceu. Por exemplo, se há o dado de que 70% das ações realizadas na área foram uma demanda da comunidade, isto indica que foi criada uma relação de interlocução com ela. Por que isso aconteceu em determinada área, e não em outra? Ou seja, por mais que o sistema seja quantitativo, ele dá indicadores que permitem uma análise qualitativa. Cabe ao Ideca esse cruzamento mais analítico e crítico. — Gabriel Ligabue

Aqui, uma aprendizagem fundamental: em razão de sua natureza essencialmente analítica e gerencial, um sistema de monitoramento eletrônico como esse é bem-sucedido para a avaliação de qualquer ação social. Como explica Gabriel Ligabue,

> Esse tipo de monitoramento, por meio de um sistema informatizado, pode ser aplicado a todos os investidores sociais, porque ele é flexível. Essa é a sua grande vantagem. Se você trabalha com um quadro lógico e cria indicadores bem estruturados, é possível construir o sistema, e ele vai te ajudar a medir a qualidade da sua intervenção, seja em saúde, em educação ou na área que for.

Por fim, esse processo avaliativo é mais uma prova da importância do apoio do principal gestor do projeto, especialmente para a adoção de uma ferramenta inovadora como o sistema de monitoramento eletrônico. "Se o gestor não assume a avaliação, não entende que isso é importante e não tem firmeza para trilhar novos caminhos, é difícil. Sem esse aval, a avaliação torna-se muito engessada", diz Simone Coelho. Tal respaldo é fundamental também na orientação técnica. Sem a liberdade para intervir e propor novas estratégias de atuação, o Ideca ficaria restrito em sua contribuição.

DEPOIMENTO

A partir da análise dos dados extraídos do sistema de monitoramento e avaliação das atividades de nossos projetos na área social, ficou claro que algumas ações eram executadas em excesso, em detrimento de outras, comprometendo o resultado global dos processos. A implantação de medidas corretivas e as sucessivas revisões dos rumos mostraram as vantagens de se ter um sistema de monitoramento como ferramenta para a gestão técnica do contrato em avaliação.

Além disso, a participação da equipe do Ideca no programa de avaliação e capacitação de nossos técnicos tem sido importante na gestão de nossos contratos na área social, permitindo a requalificação de nossa equipe e uma articulação mais adequada das atividades. Da mesma forma, a orientação técnica feita pelo instituto à equipe de coordenação e supervisão vem produzindo resultados muito positivos, contribuindo para o planejamento das ações.

Oscar Innecco
Coordenador de Projetos de Urbanização Integrada
e Gerenciamento Social da Cobrape

* * *

Área temática: Cultura

Projetos avaliados: Seminário Internacional Pragmatismo Poético, Formação de Educadores da 30ª Bienal Internacional de São Paulo e Seminário Laboratório de Gestão

Instituição: Fundação Bienal

Período da avaliação: 2012

Local: São Paulo (SP)

OS PROJETOS

A Fundação Bienal é uma instituição de promoção da arte contemporânea, responsável pela realização das bienais internacionais de arte de São Paulo. Desde 2010, possui um programa educativo permanente, que responde pela relação do público com a arte por meio de, entre outros, visitas orientadas às exposições, encontros e formações com professores das redes pública e privada, e cursos presenciais e a distância.

Em 2012, por ocasião da 30ª Bienal Internacional, o setor Educativo realizou dois subprojetos. O primeiro foi o Seminário Internacional em Educação e Arte Pragmatismo Poético, que aconteceu de 21 a 23 de agosto, em parceria com o Sesc. Com inscrição aberta a todos os interessados, o evento tinha como foco estudantes, professores das redes pública e privada, educadores sociais e profissionais da cultura e de instituições parceiras da Bienal. Durante a tarde, coordenadores convidados promoviam grupos de reflexão e vivência sobre o tema "pragmatismo poético", enquanto, à noite, convidados internacionais realizavam palestras e debates com o público.

O segundo subprojeto foi a Formação de Educadores e Supervisores para orientar as visitas guiadas do público da 30ª Bienal. A formação teve início em maio e estendeu-se até o momento de abertura do evento, em 5 de setembro. Seu público participante era estudantes de graduação ou já formados em áreas como ciências humanas, artes visuais, história e pedagogia.

A formação deu-se em duas etapas:

- de maio a junho: estudos gerais sobre arte e filosofia; visitas a outras instituições culturais, comunidades, escolas e ONGs; estudo sobre a exposição, artistas e proposta curatorial. Participaram 203 educadores-estagiários, dos quais cem foram selecionados para continuar a formação;
- de agosto à abertura da exposição: estudo de artistas e obras presentes na 30ª Bienal, além da presença no Seminário Internacional citado anteriormente. Participaram 126 educadores — cem selecionados na etapa anterior, acrescidos de 26 educadores contratados, já formados e com experiência.

Paralelo à formação de educadores para o evento, o Educativo promoveu um programa específico para professores de escolas públicas, técnicas e privadas. Aberto à inscrição de interessados, seu objetivo era garantir um conhecimento qualificado dos docentes sobre a exposição, de maneira a promover uma experiência mais rica para os alunos, previamente orientados sobre as obras.

Uma vez inaugurada a Bienal (aberta ao público até 9 de dezembro), o Educativo desenvolveu um terceiro subprojeto. Entre 10 e 11 de outubro, foi realizado o Seminário Laboratório de Gestão, que visava apresentar a gestores de diferentes instituições culturais do estado, como museus e casas de cultura, as práticas da Fundação Bienal. Seus funcionários seniores palestraram sobre temas como curadoria, arte e educação, produção e montagem de exposições, marketing cultural e finanças. O evento foi fechado para convidados, e sua realização contou com o apoio da Secretaria Estadual da Cultura, o Sistema Estadual de Museus de São Paulo e a organização social Poiesis.

HISTÓRICO DA AVALIAÇÃO

O setor Educativo da Fundação Bienal procurou o Ideca para a avaliação de resultados dos dois primeiros subprojetos, integrados entre si — o Seminário Internacional Pragmatismo Poético e a Formação de Educadores para a 30ª Bienal. A intenção era verificar se os objetivos da Fundação para essas atividades educacionais foram atingidos, em que medida as estratégias desenvolvidas para tal se mostraram eficientes e a impressão dos participantes sobre o processo.

Para a 30ª Bienal, a direção da Fundação entendeu ser importante refletir sobre suas práticas educativas a partir de uma avaliação externa, experiência até então inédita para sua equipe. Durante o desenvolvimento do trabalho nos primeiros dois subprojetos, quando se decidiu pela realização do Seminário Laboratório de Gestão, a Fundação pediu ao Ideca que estendesse a avaliação de resultados também para esse evento.

METODOLOGIA DA AVALIAÇÃO

A partir da construção do quadro lógico em conjunto com a coordenação do setor Educativo, foram determinados os objetivos e os indicadores de avaliação do seminário internacional e da formação de educadores. Aqui, o quadro lógico foi fundamental por dar concretude às intenções avaliativas da Fundação, cujo material de trabalho — a arte contemporânea — é intangível por natureza.

As estratégias desenhadas para atender aos objetivos avaliativos foram duas: a participação dos consultores do Ideca nas atividades e a realização de uma pesquisa de campo, com a aplicação dos seguintes instrumentos:

Seminário Internacional Pragmatismo Poético

- questionário para participantes das atividades;
- roteiro de entrevista ou grupo focal com participantes das atividades, coordenadores convidados e palestrantes internacionais.

Formação de Educadores da 30ª Bienal Internacional de São Paulo

- questionário para supervisores, educadores da Bienal, educadores e professores capacitados pelo Educativo, alunos de grupos escolares e representantes do público em geral;
- roteiro de entrevista ou grupo focal com supervisores, educadores da Bienal, educadores e professores capacitados pelo Educativo, e professores e educadores que acompanharam seus alunos em visita à exposição, mas não participaram da formação.

Uma importante medida tomada pelo Ideca foi a inclusão em sua equipe de duas especialistas no ensino de arte já na etapa de construção do instrumental de pesquisa. A coordenação do setor Educativo também foi mobilizada para a aprovação dos questionários, visando garantir uma linguagem apropriada à subjetividade que caracteriza uma exposição de arte contemporânea.

Para o acompanhamento das atividades, consultores do instituto participaram dos grupos de reflexão e palestras do Seminário Internacional. No caso da formação de educadores, em razão de atrasos administrativos, a participação dos consultores ficou restrita às aulas finais. Por outro lado, foi possível observar as visitas guiadas à exposição, mapeando as impressões tanto de educadores e supervisores formados quanto do público.

A partir dos insumos levantados pela observação dos consultores e a pesquisa de campo, foram desenvolvidos dois relatórios de análise. O documento relativo ao Seminário Internacional investigou os seguintes aspectos:

- perfil socioeconômico, educacional e cultural dos participantes;
- motivações para participar do evento;
- impressões dos consultores do Ideca a respeito da condução das atividades;
- avaliação dos participantes a respeito dos grupos de discussão;
- avaliação dos participantes a respeito das palestras dos convidados internacionais;
- sugestão dos participantes.

Já o relatório de avaliação da formação de educadores abordou o perfil dos participantes (gênero, idade, formação escolar, experiência profissional e produção artística a qual se dedica) e a avaliação da formação recebida (estrutura do curso, conteúdo das aulas, qualidade do material de formação, seminário internacional, suficiência da capacitação para orientar as visitas).

No caso do Seminário Laboratório de Gestão, o Ideca utilizou-se das mesmas estratégias adotadas para o Seminário Internacional, visando entender em que medida os objetivos do evento foram alcançados. Os consultores do instituto estiveram presentes em todas as falas e, ao fim de cada atividade, aplicaram questionários e conduziram grupos focais com os participantes (os palestrantes não foram ouvidos, por uma dificuldade de agenda).

O relatório avaliativo construído pelo Ideca versou sobre o perfil dos participantes (gênero, idade, escolaridade e experiência profissional), as expectativas em relação ao evento e sua avaliação das atividades realizadas. Considerando a urgência da avaliação — contratada uma semana antes do evento —, não foi possível construir um quadro lógico, ainda que os temas a serem investigados tenham sido acordados com a coordenação da Fundação.

DESAFIOS

Essa avaliação foi marcada por dois desafios principais. O primeiro diz respeito à falta de intimidade da organização avaliada com as estratégias e análises típicas de um processo avaliativo, como o quadro lógico ou o tom crítico implícito a um relatório final. Isso se dá porque a Fundação Bienal dedica-se a uma área temática na qual a realização de avaliações não é comum.

Se essa primeira questão decorre do ineditismo da experiência para a Fundação, a segunda diz respeito à ausência de familiaridade do Ideca com a linguagem intangível da arte contemporânea. Um marco dessa avaliação foi o caráter essencialmente subjetivo do universo a ser investigado, já arraigado em seus participantes. Coube ao instituto adaptar-se a essas condições, como explica o consultor Daniel Hammoud:

> Trata-se de um segmento bastante específico, em que a objetividade não é um valor. Tudo é subjetivo, o que criou certa dificuldade. Os consultores procuravam extrair dos entrevistados, nos questionários, entrevistas e grupos focais, o que era passível de um tratamento mais objetivo. Por exemplo, alguns convidados do seminário internacional foram muito elogiados pelos participantes porque são autoridades na sua área, e isso gerou avaliações superlativas. Procuramos sempre problematizar: mas por que "muito bom"? Por que "ótimo"? Houve um esforço de extrair o que estava por trás daquelas classificações.

Decorrente dessa característica, a construção de instrumentos apropriados também foi um desafio:

> Os instrumentais foram um desafio nessa avaliação porque era preciso captar aspectos muito intangíveis, como o impacto da arte no indivíduo, e ao mesmo tempo dar concretude às ações. Nosso desafio era sempre: como perguntar determinada questão? Para isso, a presença

das consultoras de arte na equipe ajudou muito, assim como as sugestões da Fundação. — Daniel Hammoud

Um último desafio a registrar diz respeito às condições da pesquisa de campo. Como dito, atrasos administrativos postergaram o início das atividades do Ideca, o que inviabilizou parte das estratégias avaliativas previstas. Diante desse novo calendário — reforçado pelo fato de que a abertura da 30ª Bienal impunha um prazo incontornável para as ações —, coube ao instituto ser ágil na adoção de novos caminhos para o levantamento dos insumos necessários.

Essa flexibilidade fez-se necessária também para o reagendamento de diversas entrevistas e grupos focais, que, por fatores externos, não puderam ser realizados na data prevista; bem como uma adaptação da amostra inicialmente determinada de alunos e professores a serem ouvidos, uma vez que muitas escolas não compareceram à visita agendada, sem aviso prévio. Trata-se de desafios inerentes à realização de pesquisas de campo, com os quais a avaliação precisa saber lidar, sem prejuízo para a qualidade da análise.

APRENDIZAGENS

Sem dúvida, a principal lição trazida por essa experiência refere-se à natureza subjetiva e intangível dos projetos em cultura. Isso não significa que tais ações não são passíveis de avaliação, mas que o avaliador deve reconhecer as especificidades e dialogar com elas, de forma que o processo avaliativo seja bem-sucedido e construtivo para todos:

> Em projetos como esse, não podemos deixar de levar em conta a subjetividade da produção cultural. Isso deve ser contemplado no conteúdo do que vai ser investigado e na forma como esse conteúdo

> é proposto. Para isso, devemos nos apropriar dos valores desse universo, caso contrário, o processo de avaliação será comprometido. — Daniel Hammoud

> A grande aprendizagem dessa avaliação é a importância de se adaptar e falar a mesma língua que o avaliado. Você está em um universo completamente diferente, e cabe a nós, avaliadores, nos adaptarmos a ele. Isso dito, eles também se adaptaram a nós, compreendendo o que é uma avaliação e nos ajudando a entender seus valores e linguagem. Um processo como esse é um aprendizado mútuo. — Simone Coelho

Para garantir a compreensão devida do universo mobilizado por uma ação cultural, a participação dos consultores nas atividades é estratégia fundamental para observar dinâmicas e validar hipóteses, como defende Daniel Hammoud:

> Tal adaptação só é possível no contato direto com o segmento a ser pesquisado; por isso, participar das atividades é fundamental. Esse contato é também a parte mais rica da experiência. O campo tem muito a informar, para além do que está escrito no papel. Ainda mais por se tratar de um projeto onde havia pouco insumo registrado em texto, porque é algo muito impressionista e epidérmico.

Por fim, vale destacar um último ponto reforçado por essa experiência: a necessidade de a avaliação ter agilidade para acompanhar as mudanças no projeto:

> Nós precisamos responder às mudanças. Nem tudo que foi previsto no quadro lógico foi executado, porque a Fundação Bienal alterou algumas ações ao longo do processo pela necessidade do próprio evento. Cabe à avaliação acompanhar, porque é preciso estar colado ao projeto. Processos avaliativos têm de ser ágeis. Se o projeto muda de música no meio do caminho, você tem de dançar junto com ele. — Simone Coelho

DEPOIMENTO

O grande desafio do processo de avaliação pelo qual o Ideca passou foi a apropriação dos conceitos de arte contemporâneos, além de processos pelos quais passam uma instituição do porte de uma Bienal de São Paulo. No entanto, as questões conceituais foram amplamente discutidas com a equipe do educativo da Bienal, no sentido de ir afinando os processos avaliativos em relação aos conceitos implícitos na ação educativa. Além disso, o Ideca contratou duas consultoras especialistas em arte e educação que puderam afinar os questionários e trazer também luz a alguns processos pelos quais estávamos passando nas avaliações dos programas.

Algo que foi bastante desafiador, para a avaliação externa, foi o fato de que tínhamos também procedimentos avaliativos internos que faziam com que mudássemos alguns procedimentos ainda em voo. A gente ia mudando estratégias e/ou procedimentos segundo as necessidades postas pelo dia a dia. Isso foi exigindo de nós muitas conversas para que houvesse entendimento dessas mudanças que aconteciam no meio do percurso. Mas sempre houve abertura de ambas as instituições para o confronto de ideias, inclusive o confronto de interpretação de dados, tendo sido estabelecido um diálogo bastante positivo. Foi um processo em que ambas as instituições aprenderam com ele, sobre o qual ainda pensamos até hoje.

Stela Barbieri

Curadora do Educativo da Bienal de São Paulo de 2009 e 2014

CONCLUSÃO

"Nenhuma instituição que realiza avaliações encerra um projeto do mesmo tamanho que o iniciou", declara Ghisleine Trigo. Essa fala é bastante representativa dos 17 anos de existência do Ideca. Toda sua inteligência construída até aqui é resultado dos ensinamentos decorrentes das experiências vividas, aberta à constante revisão e aprimoramento trazidos pelo contato com novas ações sociais.

Ao refletir sobre sua metodologia, é essa a primeira aprendizagem fundamental do instituto: sem a parceria construída com as organizações avaliadas ao longo dos anos, o crescimento do Ideca não teria a mesma riqueza. A cumplicidade abre espaço para o empreendimento de estratégias metodológicas inovadoras, que permitem ao instituto responder de maneira eficiente a demandas e desafios de cada organização. Acima de tudo, o Ideca aprendeu a refinar sua escuta para as especificidades de cada ação social:

> O grande aprendizado do Ideca em relação à sua metodologia é exercitar a escuta. Escutar uma, duas ou quantas vezes for necessário para construir uma proposta avaliativa que dê resposta à organização. Se não há uma escuta afiada e atenta, tende-se a padronizar todas as demandas, porque nós realizamos muitas avaliações. É esta a nossa aprendizagem: manter o acolhimento ao projeto, independentemente da *expertise* que nós temos. Cada projeto é um projeto. — Ghislene Trigo

Reconhecer as reais necessidades de uma ação social é o que permite ao Ideca construir modelos avaliativos eficientes em seus objetivos e úteis à prática. Melhor prova disso tem-se quando a organização toma o processo avaliativo para si, reconhecendo-o como ferramenta de gestão.

O Ideca vê-se obrigado ao constante aperfeiçoamento de suas estratégias, resultado direto de uma equipe sempre crítica à própria prática. Como aponta Cintia Filpo: "Internamente, nós estamos o tempo todo nos avaliando, como processo, como metodologia. Como fazer melhor? Estamos sempre repensando nosso trabalho a partir das experiências".

O modo de fazer está em eterna revisão, mas as diretrizes e as bases teóricas que guiam o trabalho do Ideca mostram-se cada vez mais sólidas. Há um compromisso com a avaliação como ferramenta de fortalecimento de ações e organizações, nunca como processo punitivo. Para cumprir com essa concepção, cabe ao instituto contribuir com aquilo que tem de melhor: sua capacidade analítica:

> O Ideca conseguiu construir um pensamento crítico, o que não é fácil. A análise, a crítica, a construção do argumento, todos esses aspectos têm de ser consistentes. Você tem de ser claro no que está vendo. E se você está fazendo uma crítica, por que a está fazendo? É preciso sempre lembrar que, do outro lado, há uma ação social de um empreendedor que doa sua vida a ela. Se você vai fazer uma análise sobre isso, é preciso construir muito bem seu argumento. Não há espaço para críticas levianas. O que os dados dizem? E o que nós temos a dizer sobre eles? Porque não somos pagos para descrever, mas para analisar. Não é suficiente ler uma tabela, é preciso refletir sobre ela. Esses são os nossos aprendizados mais importantes. — Simone Coelho

OS AVANÇOS E OS DESAFIOS DA AVALIAÇÃO

O desenvolvimento do Ideca desde sua fundação, em 1998, acompanhou um contexto de avanços no campo da avaliação de projetos sociais no Brasil. Como já discutido, os últimos 17 anos viram a evolução do espaço ocupado pela avaliação e do entendimento de que avaliar é imprescindível para uma atuação social consistente e com consciência.

De lá para cá, houve a expansão da comunidade de organizações e consultores dedicados à avaliação de projetos sociais no país. O que se vê é uma sofisticação crescente do pensamento avaliativo, a partir de um olhar mais aprofundado e crítico não apenas sobre estratégias de avaliação, mas também sobre as próprias potencialidades e limites desse campo.

Outro avanço se deu com a abertura de um novo leque de ferramentas pela internet, como sistemas extranet, formulários *on-line* e ambientes de compartilhamento de dados. Viu-se impacto também na disponibilidade de pesquisas, estudos e dados globais, agora ao alcance de todos, o que ajuda a construir análises mais embasadas:

> Hoje, existe uma condição melhor na obtenção de dados. Há uma quantificação de diferentes aspectos e variáveis que é muito mais ampla do que antes, e tudo isso está disponível. Isso permite a construção de séries históricas, novas articulações, cruzamentos e uma série de outras possibilidades que estão sempre em evolução. A tecnologia ajuda muito nesse sentido, e com isso a avaliação dá saltos de qualidade. — Cintia Filpo

Naturalmente, desafios permanecem. Alguns são intrínsecos a esse campo, como a criação constante de novas abordagens metodológicas e práticas, fundamental para que a avaliação caminhe. Outros, porém, requerem investimento. Entre eles, destaca-se a necessidade de manter as organizações mobilizadas em torno do uso dos insumos trazidos pela avaliação na revisão de suas práticas — ainda que as contribuições possíveis da avaliação sejam mais amplas do que apenas a intervenção nas ações. Segundo Ghisleine Trigo:

> A consciência de que é preciso fazer uso dos resultados da avaliação não se desenvolveu tanto quanto a certeza de que é preciso avaliar os projetos. O desafio é esse: como curvar-se à evidência de que esses

resultados são meus, ou seja, de que eles falam sobre a minha prática? O mesmo empenho que existe em avaliar os projetos deve existir em tomar como referência os dados que a avaliação produz e aplicá-los à realidade, mesmo que seja para negá-los. É preciso estabelecer uma conversa com esses resultados, e não deixá-los na gaveta.

Outro desafio a se destacar é o fato de que ainda não há a cultura de divulgação dos resultados da avaliação das ações sociais, o que significa que boas práticas seguem sem reconhecimento, e os erros, repetidos. O quanto aprenderíamos com a *expertise* construída pelas 290,7 mil[1] fundações e entidades sem fins lucrativos que compõem o setor social brasileiro se essa inteligência fosse compartilhada?

CAUSA RELEVANTE

Fato é que a avaliação das ações sociais realizadas pela sociedade civil organizada sempre será relevante, uma vez que responde ao interesse público. Além disso, o desejo de aprimorar suas práticas é intrínseco a todo projeto social, já que boas ações significam resultados e impactos mais consistentes para o público beneficiado. Cabe à avaliação contribuir para tal aprimoramento. Como lembra Cintia Filpo, "mesmo quando os resultados da avaliação são negativos, eles são utilizados positivamente, no sentido de ressignificar a prática":

> A causa do Ideca nunca vai deixar de ser relevante. Ela sempre será atual, porque a área social não é engenharia. Você está lidando com variáveis sociais que intervêm no processo, e é preciso entendê-las e tratar delas. A avaliação nada mais é do que uma reflexão sobre a prática, e isso é eterno no ser humano. Você, como indivíduo, se autoavalia a todo o momento, e assim tem de ser com a ação social. — Simone Coelho

---

1. Dados da pesquisa "As fundações privadas e associações sem fins lucrativos no Brasil" (ver nota 1, capítulo 1).

O Ideca segue em sua trajetória com o desafio de manter-se atualizado em relação aos avanços tecnológicos, atento aos debates do campo da avaliação e relevante diante das dinâmicas das ações sociais brasileiras. A tarefa, agora, é sustentar esse crescimento pelos próximos anos, sem nunca abrir mão da qualidade do trabalho realizado até aqui nem da capacidade de desafiar-se:

> Ao longo dos anos, o Ideca construiu a identidade de uma instituição que aprendeu a fazer avaliação, e nisso nós temos uma satisfação de dever cumprido. Não se trata apenas de manter uma instituição, mas de mantê-la enquanto permanece a sua capacidade de construir resultados interessantes sob o ponto de vista do significado e da relevância que eles têm para as pessoas. Nós, de certa maneira, temos participação nos bons projetos do cenário social desse país. Bons projetos porque nos trouxeram desafios, eram sérios e representavam possibilidades de melhorar as políticas públicas. Isso, para nós, é um presente.
> — Simone Coelho

REFERÊNCIAS

ANDRADE, D. F.; TAVARES, H. R.; VALLE, R. C. *Teoria da resposta ao item*: conceitos e aplicações. São Paulo: Associação Brasileira de Estatística, 2000.

ASSOCIAÇÃO BRASILEIRA DE ONGS (ABONG); GRUPO DE INSTITUTOS, FUNDAÇÕES E EMPRESAS (GIFE); INSTITUTO BRASILEIRO DE GEOGRAFIA E ESTATÍSTICA (IBGE); INSTITUTO DE PESQUISAS ECONÔMICAS APLICADAS (IPEA); SECRETARIA-GERAL DA PRESIDÊNCIA DA REPÚBLICA. As fundações privadas e associações sem fins lucrativos no Brasil 2010. *Estudos & Pesquisas*: Informação Econômica, Rio de Janeiro, n. 20, 2012. Disponível em: <ftp://ftp.ibge.gov.br/Fundacoes_Privadas_e_Associacoes/2010/fasfil.pdf>. Acesso em: set. 2014.

BABBIE, Earl. *Métodos de pesquisas de survey*. Belo Horizonte: Ed. da UFMG, 1999.

CENTRO RUTH CARDOSO. Juventude e mercado de trabalho: realidade e perspectivas. *Cadernos Ruth Cardoso*, São Paulo, v. 2, n. 2, ago. 2011. Disponível em: <www.institutounibanco.org.br/wp-content/uploads/2013/07/juventude_e_o_mercado_de_trabalho.pdf>. Acesso em: set. 2014.

COELHO, Simone de Castro Tavares. *Terceiro setor*: um estudo comparado entre Brasil e Estados Unidos. São Paulo: Senac, 2000.

ESTUDOS EM AVALIAÇÃO EDUCACIONAL. Homenagem a Heraldo M. Vianna, n. 60, dez. 2014.

FITZPATRICK, Jody L.; SANDERS, James R.; WORTHEN, Blaine R. *Avaliação de programas*: concepções e práticas. São Paulo: Gente, 2004.

FLETCHER, Philip Ralph. Da teoria clássica dos testes para os modelos de resposta ao item. *Textos para Discussão*, Rio de Janeiro, IBGE, 2010. Disponível em: <http://biblioteca.ibge.gov.br/biblioteca-catalogo?view=detalhes&id=281199>. Acesso em: ago. 2014.

FRANCO, Maria Laura Puglisi B. *Análise de conteúdo*. Brasília: Líber, 2008.

GATTI, Bernadete A. *Grupo focal na pesquisa em ciências sociais e humanas*. Brasília: Líber, 2005.

GONÇALVES, Hebe Signorini (Org.). *Organizações não governamentais*: solução ou problema? São Paulo: Estação Liberdade, 1996.

GRUPO DE INSTITUTOS, FUNDAÇÕES E EMPRESAS (GIFE). *Censo GIFE 2011-2012*. São Paulo, 2012. Disponível em: <http://censo.gife.org.br/>. Acesso em: out. 2014.

HAMBLETON, Ronald K. Principles and selected applications of item response theory. In: LINN, R. L. (Ed.). *Education measurement*. New York/Phoenix: American Council on Education/Oryx Press, 1993.

HILL, Manuela M.; HILL, Andrew. *Investigação por questionário*. Lisboa: Sílabo, 2008.

IOSCHPE, Evelyn (Org.). *Terceiro setor*: desenvolvimento social sustentado. São Paulo: Paz e Terra, 1997.

JANNUZZI, Paulo de Martino. Indicadores para diagnóstico, monitoramento e avaliação de programas sociais no Brasil. *Revista do Serviço Público*, Brasília, v. 56, n. 2, abr./jun. 2005. Disponível em: <http://aplicacoes.mds.gov.br/sagirmps/ferramentas/docs/Referencia-ind-sociais-revista-serv-publico.pdf>. Acesso em: ago. 2014.

LANDIM, Leilah. Desenvolvimento social sustentado: propostas práticas de atuação — 24 de novembro de 1998. In: FÓRUM PERMANENTE DO TERCEIRO SETOR, 1ª coletânea de artigos [junho de 1998/junho de 1999]. São Paulo: Senac, 1999.

LOPEZ, Felix; BARONE, Leonardo. As entidades sem fins lucrativos e as políticas públicas federais: tipologia e análise de convênios e organizações (2003-2011). *Texto para Discussão*, Brasília, Ipea, n. 1896, nov. 2013. Disponível em: <http://www.ipea.gov.br/portal/images/stories/PDFs/TDs/td_1896.pdf>. Acesso em: set. 2014.

MARINO, Eduardo. *Manual de avaliação de projetos sociais*. São Paulo: Saraiva/ Instituto Ayrton Senna, 2003.

OTERO, Martina Rillo (Org.). *Contexto e prática da avaliação de iniciativas sociais no Brasil*: temas atuais. São Paulo: Peirópolis/Instituto Fonte, 2012.

PASQUALI, L.; PRIMI, R. Fundamentos da teoria da resposta ao item (TRI). *Avaliação Psicológica*, v. 2, n. 2, p. 99-100, 2003.

RAPOSO, Rebecca; TAVARES, Mariana. *Uma experiência em fortalecimento institucional de organizações sem fins lucrativos*. São Paulo: Via Impressa, 2014.

VALLE, R. C. Comportamento diferencial do item: uma apresentação. *Estudos em Avaliação Educacional*, São Paulo, v. 25, p. 167-83, 2002.

______. A construção e a interpretação de escalas de conhecimento: considerações gerais e uma visão do que vem sendo feito no Saresp. *Estudos em Avaliação Educacional*, São Paulo, n. 23, p. 71-92, 2001.

______. Teoria da resposta ao item. *Estudos em Avaliação Educacional*, São Paulo, n. 21, p. 7-91, 2000.

______. *Teoria da resposta ao item*. 1999. Dissertação (Mestrado em Estatística) — Instituto de Matemática e Estatística, Universidade de São Paulo.

VIANNA, Heraldo M. *Pesquisa em educação*: a observação. Brasília: Plano, 2003. (Série Pesquisa em Educação, v. 5.)

______. *Testes em educação*. São Paulo: Ibrasa, 1987. v. 1.

______. Validade de construto em teses educacionais. *Educação e Seleção*, São Paulo, n. 8, p. 35-44, 1983a.

______. Validade de critério de avaliação de uma peça de prova em mecânica geral. *Educação e Seleção*, São Paulo, v. 8, p. 72-94, 1983b.

______. Validade de conteúdo de uma prova de comunicação e expressão: análise de alguns problemas. *Educação e Seleção*, São Paulo, n. 4, p. 53-86, 1981.

GRÁFICA PAYM
Tel. [11] 4392-3344
paym@graficapaym.com.br